新 编 农 业
实 用 技 术 问 答

XINBIAN

NONGYE SHIYONG JISHU WENDA

河北省滦南县农牧局　编

U0239230

中国农业出版社

图书在版编目（CIP）数据

新编农业实用技术问答/河北省滦南县农牧局编．
—北京：中国农业出版社，2014.3（2017.6 重印）
（最受欢迎的种植业精品图书）
ISBN 978-7-109-18766-5

Ⅰ．①新…　Ⅱ．①河…　Ⅲ．①农业技术—问题解答
Ⅳ．①S-44

中国版本图书馆 CIP 数据核字（2013）第 319899 号

中国农业出版社出版
（北京市朝阳区农展馆北路 2 号）
（邮政编码 100125）
责任编辑　孟令洋　郭科

中国农业出版社印刷厂印刷　新华书店北京发行所发行
2014 年 6 月第 1 版　2017 年 6 月北京第 11 次印刷

开本：880mm×1230mm 1/32　印张：5.25
字数：150 千字
定价：15.00 元
（凡本版图书出现印刷、装订错误，请向出版社发行部调换）

编写人员

主　编	张翠英	张志勇
副主编	杨会存	杨庆昌
	李学文	韩丽敏
	王明刚	
参　编	张福峰	王晓锐
	唐文光	贾宝玲
	冯宝芹	杜春凤
	崔淑芝	毕斯文
	袁金娜	史彩荣
	张淑芳	王建新
	许正成	李兰英
	杜凤宝	张永新
	周建华	鲁　丹

前　言

　　农业是国民经济的基础产业，国家"十二五"规划，把加快发展现代农业、坚持走中国特色农业现代化道路、保障国家粮食安全作为首要目标。近年来，随着国民经济的高速发展，在农业产业结构不断优化的同时，农产品品质和产量不断得到提升。

　　为普及农业科学技术知识，提高广大农民的科技素质，河北省滦南县农牧局组织经验丰富的技术人员，针对农业生产中的实际问题，编写了《新编农业实用技术问答》。本书内容涉及蔬菜生产管理、农业病虫害防治以及测土配方施肥等实用技术。

　　本书内容立足生产实践，贴近农业生产，通俗易懂，方便阅读。相信本书的出版，必将对提高广大农民的科技知识水平，促进农业增产、农民增收发挥应有作用。

编　者
2013 年 7 月

目　录

一、蔬菜生产实用技术问答

1. 蔬菜育苗的方法有哪些?

(1) 普通苗床育苗 普通苗床育苗也称冷床育苗，是一种传统的育苗方式。其优点是取材方便，成本低，技术简单。缺点是由于缺乏必要的环境保护，导致苗床温度偏低，秧苗生长缓慢，外界温度低时容易发生冷害、冻害。目前这种方法主要应用于露地蔬菜生产育苗。

(2) 温床育苗 温床育苗根据人工增温方式不同，分为酿热温床和电热温床两种形式。现在普遍使用的是电热温床育苗，它是在冷床的基础上，通过铺设电热加温线来为苗床增温，从而能保证苗床较高而且稳定的地温，可以培育出根系发达、植株健壮的优质秧苗。目前主要是在日光温室或塑料大棚中使用，冬季为了加强保温效果，还可以在苗床上搭建小拱棚。

(3) 容器育苗 容器育苗是指利用各种容器进行蔬菜育苗的方法，是现代蔬菜育苗的主要方式。其最大优点在于育苗及移栽、定植时，秧苗根系能得到有效保护，不会发生损伤，定植后没有缓苗期或缓苗期短，秧苗成活率高，植株生长旺盛。常见的育苗容器有育苗钵（营养钵）和育苗盘，生产上经常使用的育苗钵为塑料营养钵，育苗盘包括育苗穴盘和普通平底育苗盘。平底育苗盘一般只用于需要分苗的育苗生产中，如果是一次播种即成苗的应使用穴盘作为育苗容器。

（4）**无土育苗** 所谓无土育苗，即在育苗过程中不使用土壤，而采用其他方法（营养液或基质）为秧苗提供水分和矿质营养。现在基质育苗已经普遍应用于我国蔬菜生产中，它是在营养液育苗的基础上，以透气性好的固体材料作为基质，利用穴盘或营养钵为容器，通过浇施含有各种必需营养元素的营养液，为秧苗供应营养和水分的一种育苗方式。无土育苗具有以下优点：秧苗株体健壮，整齐一致，素质好；生长迅速旺盛，能显著缩短育苗时间；能减轻土传病害的危害，克服育苗中出现的连作障碍；能对育苗过程进行标准化管理；重量轻，便于运输。

（5）**嫁接育苗** 嫁接育苗是利用不同植物体之间的亲和性，把一个植物体的适当部位转接到另一株植物体上，通过愈合使之成为新植物体的育苗方式。其中接到另一株植物体上的部分为接穗，承接接穗的植株为砧木。蔬菜嫁接育苗是减轻土传病害，提高品种对环境适应性的有效措施。尤其是瓜类和茄果类蔬菜，包括黄瓜、西瓜、甜瓜、番茄和茄子等，目前已经普遍采用嫁接育苗。嫁接的方法有靠接法、插接法、贴接法和劈接法等，生产上可以根据不同蔬菜种类和不同嫁接要求选用不同的方法。

（6）**遮阳网和防雨棚覆盖育苗** 蔬菜秋延后栽培一般需要在夏季育苗，为了避免高温、强光、暴雨和病虫伤害蔬菜秧苗，生产上常采用遮阳网、防雨棚覆盖育苗。夏秋季节蔬菜育苗采用遮阳网覆盖，可起到遮阳降温，减少土壤水分蒸发，减弱暴雨、大风对秧苗及苗床冲击的作用，银灰色遮阳网可以驱避蚜虫，达到防止或减轻蚜虫传播的病毒病发生的效果。防雨棚覆盖育苗可在夏季多暴雨地区应用，是以塑料大棚和中棚为骨架，顶部覆盖塑料薄膜，四周不扣薄膜而用防虫网代替，以达到既通风又防虫的作用。为了遮阳降温，也可以在顶部薄膜上再覆盖一层薄草帘或遮阳网。

2. 蔬菜育苗怎么配置营养土？

蔬菜育苗采用苗床育苗应配置苗床土，采用营养钵育苗应配置营养土。无论是苗床土还是营养土，都要求土质疏松肥沃，有较强的保水性、渗透性和通气性，无病菌、虫卵及杂草种子，土壤呈中性或微酸性。可选用田园土、充分腐熟的有机肥（如堆肥等）、草炭和炉渣等配置而成，同时应加入占营养土总重的 2%～3% 的过磷酸钙以及适量尿素等化学肥料。田园土应选择 2～3 年内未种过同科蔬菜的疏松肥沃土壤，尤以种过豆类或葱蒜类蔬菜的土壤为好。配置营养土时，应将所有床土材料充分搅拌均匀，再将其酸碱度（pH）调至 6.5～7.0。

常见的营养土配方有：①肥沃田园土 50%～70%，腐熟厩肥 20%～30%，腐熟人粪尿 5%～10%，复合肥 0.1%。②肥沃田园土 60%，腐熟有机肥 30%，砻糠灰 10%。③肥沃田园土 40%，腐熟有机肥 30%，泥灰 25%，腐熟人粪尿 5%。

营养土应在育苗前 2～3 个月提前堆制，将各种组成成分充分混合均匀并消毒。消毒可用 40% 福尔马林 100 倍液喷洒，然后用塑料薄膜盖严。播种前 15 天，揭膜翻开营养土堆充分释放福尔马林气味，过筛后调节 pH 至中性或弱酸性，铺于苗床或装于营养钵中待用。

3. 种子消毒处理的目的是什么？生产中常用的种子消毒方法有哪些？

种子消毒处理的目的是防止通过种子传播病虫害。在蔬菜生产中，常用的种子消毒方法主要有药剂消毒处理、温汤浸种杀菌和热水烫种消毒处理等方法。

（1）药剂消毒 种子药剂消毒分为拌种和浸种两种处理。

拌种消毒可用多菌灵、百菌清、甲基托布津、绿亨系列等杀菌剂和敌百虫等杀虫剂拌种消毒，用药量一般为种子重量的 0.2%～0.3%。最好是干拌，药剂和种子都是干的，种子沾药均匀，不易产生药害。

药剂浸种，操作较为复杂，必须掌握药液浓度和浸种时间，应

根据蔬菜种类不同，将蔬菜种子用清水浸泡 3～6 小时，再用清水冲洗并滤干水分后浸入药液中。按规定时间浸种消毒，然后取出种子，再用清水反复冲洗至无药味为止。

常用的浸种药剂有：①福尔马林（40％甲醛）兑水 100 倍液，浸 10～15 分钟，捞出后冲洗。②1％高锰酸钾溶液，浸种 10～15 分钟，捞出后冲洗。③10％磷酸三钠或 2％氢氧化钠溶液，浸种 20 分钟，捞出后冲洗。④也可用多菌灵、甲基托布津、绿亨 1 号、绿亨 2 号等杀菌剂的适宜浓度浸种。

(2) 温汤浸种 即用 55℃ 的恒温热水浸种。先向盛有种子的容器倒入一些冷水，把种子浸没，然后再倒入刚烧开的开水，边倒边顺着一个方向用温度计搅动，同时观察温度计显示的温度，使容器中水温达到 55℃。以后随搅拌随时加热水，使温度保持在 55℃。10～30 分钟，再向容器中倒入少量冷水使水温下降，耐寒性蔬菜降至 20℃ 左右，喜温蔬菜降至 30℃ 左右。然后进行浸种，时间比正常温水浸种缩短 0.5～1 小时。

浸种过程应注意搓洗种皮外表带有的黏着物，以促进种子吸水。进行温汤浸种应注意：一是要保持 55℃ 的温度 10 分钟左右；二是不能使温度过高烫伤种子，也不可温度过低而达不到消毒目的。

(3) 热水烫种 是指用较高温度的热水短时间处理种子，主要应用于吸水较难的种子的消毒处理。

处理方法：取干燥的种子装在容器中，先用冷水浸没种子，再取 80～90℃ 的热水边倒边用温度计顺着一个方向不断搅动，使水温达到 70～75℃ 并保持 1～2 分钟。然后倒入少量冷水，待水温降至 20～30℃ 时，继续按正常浸种要求浸泡一段时间。70℃ 的水温已超过花叶病毒的致死温度，但应注意烫种时间不能过长。

4. 在家中怎么进行种子催芽？

在没有发芽箱的情况下，可以采用盆钵催芽法。方法是在种子充分吸水后，晾干或擦干种子表面浮水，用干净的湿布将种子包好，把湿布包放在盆钵中。最好使用瓦盆，瓷盆也可。为防止盆底积水泡坏种子，可在盆底垫上纱布或干净稻草，然后在湿布包上面再盖上厚的湿布以利保温、保湿。将盆钵放在温暖地方以利发芽。也可将浸种消毒后的种子与洗净的河沙混合，河沙与种子的比例是1～2：1，混合均匀后装入盆钵等容器中，上面再覆盖一层湿沙或湿布，放在适温下催芽。注意催芽所用的容器和包布应当清洁，种子不能铺得过厚，防止引起烂种和出芽不整齐。

催芽温度因蔬菜种类而异，耐寒性蔬菜的催芽适温为 $18\sim22℃$，喜温蔬菜的催芽适温为 $25\sim30℃$，耐热蔬菜的催芽适温为 $28\sim32℃$。开始催芽时，温度可稍低些，然后逐渐升高，当胚根伸出、种子露白时再降低温度，使胚根苗壮。催芽的湿度管理是以种皮不发滑又不发白为宜。催芽过程中注意每隔一段时间翻动一次种子并用干净清水冲洗种子，使种子受热均匀、补充水分和供给氧气。当发芽种子的胚根伸出种皮约0.3厘米时，即可进行播种。

5. 什么是秧苗沤根？如何防治？

低温季节育苗时容易发生沤根现象，幼苗和成株都可能发生。表现为根部不发生新根和不定根，根的表皮呈锈褐色，逐渐腐烂、干枯。病苗极易从土壤中拔出。茎叶生长缓慢，不易发生新叶，叶片逐渐变为黄绿色或乳黄色，叶缘开始枯黄，直至整叶皱缩枯黄。

病因是土壤温度低，含水量高，通气不良。防治方法：平整苗床，床土要疏松，防止浇水后床面积水。保证充足的光照。播种精细、均匀，覆土厚度不超过1厘米。科学浇水，播种前浇足底水，育苗过程中适当控水，严防床面过湿，特别要防止床土长期阴冷湿润。适时适量放风，定植前加强幼苗锻炼。低温季节定植时，要点水定植，按穴浇水。施用基肥时要均匀。发生轻微沤根时，及时松土，促使秧苗尽快发出新根。

6. 黄瓜嫁接育苗有哪些方法?

(1) 靠接法 一般每亩①黄瓜嫁接苗,砧木黑籽南瓜用种量为1 500～2 000克,接穗200克左右。砧木应比接穗晚播3～5天,当砧木秧苗第一片真叶半展开、下胚轴长度在6～7厘米时为嫁接适期。嫁接时先用刀片或竹签剔掉砧木秧苗生长点,在子叶下方1厘米处呈30°～45°角向下斜切一刀,切口长度0.5厘米左右,深度要达到下胚轴粗的1/2左右,切面要平滑。接穗秧苗的子叶充分展开、真叶显露时为嫁接适期。接穗的削法与砧木相反,在距生长点1～1.5厘米处向上斜切,深度为下胚轴粗度的3/5～2/3,切口要平滑,切口长度0.5～0.6厘米,不可过长。嫁接时将接穗切口插入砧木下胚轴的切口,使二者紧密结合,从接穗的一方用嫁接夹固定,使嫁接夹平面与切口平面垂直。靠接后10～15天伤口基本可以愈合好,接穗第一片真叶展开,进行断根。在断根前1天捏扁接穗的胚轴,破坏其维管束,第二天在接口以下1厘米处下刀断根。接口愈合好以后去掉嫁接夹。

靠接法嫁接后期去夹断根工作烦琐,接口处愈合不牢固,但嫁接苗对外界不良环境的抵抗力较强。

(2) 插接法 顶插接要求嫁接后管理条件严格,但后期伤口愈合牢固,不宜折断。选用单面半圆锥形或双面楔形竹签,楔形面要求平滑,长度0.5～0.6厘米,直径一般为0.1～0.2厘米。这种方法要求砧木比接穗早播种3～5天,即砧木比接穗早浸种催芽6～7天。当砧木秧苗高6～7厘米第一片真叶半展开、宽度不超过1厘米时为嫁接适期。此时黄瓜心叶刚刚显露,子叶展平。嫁接时用竹签剔去砧木秧苗生长点,然后用竹签从一侧子叶基部中脉处向另一侧子叶下方胚轴内穿刺,到竹签从胚轴另一侧隐约可见为止。扎孔深0.4～0.5厘米,暂时先不拔下竹签。用刀片削接穗,如果是单

---

① 亩为非法定计量单位,1亩=1/15公顷。——编者注

平面竹签，接穗应削成单平面；如果是楔形竹签，接穗就削成楔形，然后在距子叶 0.5～1 厘米处以 30°角斜切，切口长度 0.4～0.5 厘米。拔出砧木上的竹签，立即将接穗插入孔中，使接穗与竹签平面吻合。接穗子叶方向与砧木子叶方向呈交叉状。

(3) 大苗生长点直插法 此种嫁接方法速度快，嫁接以后几乎不用缓苗。自制长 10 厘米、直径 0.4～0.5 厘米的竹签，一端削成 1 厘米长的半圆锥形呈楔形平面，尖端 0.4 厘米处直径 0.2～0.25 厘米。要求砧木比接穗晚播 2～3 天。即砧木比接穗晚浸种催芽 1 天或同时浸种催芽。在砧木秧苗第一片真叶长约 3 厘米时为嫁接适期。此时接穗子叶应充分展开，第一片真叶长 1 厘米左右。先用竹签剔除砧木秧苗生长点，在生长点中心向下垂直扎孔，其深度为 0.4～0.5 厘米，注意扎孔时竹签平面应朝子叶平面方向。削接穗时，在距子叶 0.5～1 厘米处下刀，削成与竹签尖端相似的形状。拔出竹签，立即将接穗插入孔中，使接穗削面方向与竹签平面方向吻合。每嫁接 10～20 棵时喷雾 1 次，并及时移入小拱棚中保温保湿。

(4) 贴接法 此种方法要求砧木晚播 2～4 天，砧木子叶展平，真叶显露时为嫁接适期。嫁接时用刀片斜向下削去生长点及 1 片子叶，切面长度 0.5～0.8 厘米。接穗与砧木同时浸种催芽，接穗子叶展平，真叶长度不超过 0.5 厘米时为嫁接适期，在平行子叶伸展方向的胚轴上，距子叶 1 厘米斜向下削成 0.5～0.8 厘米长的平面。使接穗的切口与砧木切口一侧对齐，用嫁接夹固定。每嫁接 10～20 棵苗喷雾一次，移入小拱棚遮阳保温、保湿。

7. 黄瓜、甜瓜秧苗嫁接后伤口愈合期如何管理？

蔬菜嫁接后，从砧木与接穗结合开始到维管束分化形成需要 10 天左右，这段时间嫁接苗在高温、高湿和中等强度光照条件下愈合速度快，成苗率高。

（1）光照管理 嫁接苗在嫁接后的最初 2～3 天，光照管理主要是遮光，以避免高温和阳光直射引起接穗失水凋萎。嫁接 3 天后，在光照较弱的早晨和傍晚不需再遮阳，只在中午光照较强时段遮阳。以后的遮光时间应逐渐缩短，嫁接 7～8 天后可以完全去除遮阳物，全天见光。

（2）温度管理 黄瓜秧苗刚刚嫁接后，地温应提高到 22℃ 以上，气温白天保持在 25～28℃，夜间 18～20℃，但温度高于 30℃ 时应适当遮光降温；甜瓜白天气温保持在 25～30℃，夜间 20～23℃。嫁接后 3～7 天，随着放风量的增加，可降低温度 2～3℃。嫁接 1 周后，当叶片恢复生长，接口已经愈合，开始进入正常温度管理。

（3）湿度管理 每株幼苗嫁接完成后，均应立即将基质浇透水，然后将嫁接秧苗放入已经充分浇湿的小拱棚内，并用塑料薄膜覆盖保湿。嫁接完毕后，将拱棚四周封严，不必通风换气。嫁接后的前 3 天，空气相对湿度最好保持在 90%～95%。为此，每天上午和下午各喷雾 1～2 次，湿度状态以塑料薄膜上布满露滴为宜。喷水时喷头朝上，喷至塑料薄膜内侧膜面上最好，避免直接喷洒在嫁接部位引起伤口腐烂。如在薄膜下衬一层无纺布，保湿效果更好。3 天以后，相对湿度可降至 85%～90%，一般只在中午前后喷雾。7 天后可转入正常管理。为了减少病菌侵染，喷雾时可配合喷洒一些杀菌剂。

（4）通风 嫁接前 3 天一般不通风，3 天以后，根据蔬菜种类和幼苗长势，可在早、晚通小风。以后通风口逐渐加大，时间逐渐延长。10 天以后，嫁接苗已经成活，可进行正常通风管理。

（5）病虫害防治 播种时用 60% 百菌清或 70% 甲基托布津，对苗床消毒，每 10 米^2 用药 20 克，兑水 15 千克，在育苗床面或基质表面喷洒，可有效预防猝倒病。用 45% 多丰农，每 100 克兑水 75～100 千克，进行根部浇灌，每株浇药液 150～250 克，或在嫁接前对砧木进行处理，防治根腐病效果很好。另外，还要有效防治蚜虫、白粉虱等，避免传播病毒病。

8. 引起黄瓜花打顶的原因是什么？如何防止？

花打顶又称瓜打顶，是黄瓜幼苗或生长初期顶部布满雌花的一种通俗的说法。在黄瓜苗期或定植初期最易出现花打顶现象，其症状表现为生长点不再向上生长，生长点附近的节间长度缩短，不能再形成新叶，在生长点的周围形成包含大量雌花并间杂少量雄花的花簇，有些花簇略稀疏，但多个雌花占据了生长点。花打顶植株所形成的幼瓜瓜条不伸长，无商品价值，同时瓜蔓停止生长。

导致黄瓜花打顶的主要因素为：

(1) 干旱 营养钵育苗，钵之间空隙大，水分散失大。定植后控水蹲苗过度造成土壤干旱。地温高，浇水不及时，新叶没有发出来，导致花打顶。

(2) 肥害 定植时施肥量大，肥料未腐熟或没有与土壤充分混匀，或一次施肥过多（尤其是过磷酸钙），容易造成肥害。同时，如果土壤水分不足，溶液浓度过高，根系吸收能力减弱，幼苗长期处于生理干旱状态，也会导致花打顶。

(3) 低温 冬季夜间温度低于 15℃，叶片中的养分不能及时输送到其他部位而积累在叶片中，使叶片浓绿、皱缩，造成叶片老化，光合功能急剧下降，形成花打顶。白天长期低温也易形成花打顶。

(4) 伤根 地温低于 10～12℃，土壤相对湿度 75％以上，低温高湿，造成沤根，或分苗时伤根，长期得不到恢复，植株营养不良，出现花打顶。

(5) 药害 喷洒农药过多、过频，造成花打顶。

主要防止方法：

(1) 疏花、摘瓜 通过疏花、摘瓜以减轻生殖生长的负担。

(2) 叶面喷肥 疏花后喷施 0.2％～0.3％磷酸二氢钾溶液或其他促进茎叶生长的调节剂，或硫酸锌和硼砂的水溶液。

（3）**科学水肥管理**　通过浇大水、密闭温室、保持湿度，提高白天和夜间温度，一般 7～10 天可基本恢复正常。其后可酌情再浇一次水，以后逐渐进入正常管理。适量追施速效氮肥和钾肥。

（4）**加强温度管理**　育苗时温度不要过高或过低，适时移栽。

（5）**控制植物生长调节剂的浓度**　通常乙烯利的浓度应控制在 100 毫克/升以内才是安全的。

9. 甜瓜秧苗的叶片和幼瓜产生药害后如何处理？

受害秧苗如果没有伤到生长点，可以加强水肥管理，促进快速生长。小范围的秧苗受害可以尝试选用赤霉素喷施，或施用碧护 7 500 倍液调节，或施用云薹素（按照药品使用说明书使用）调节。生产中应尽量将杀菌剂和除草剂分成两个喷雾器进行操作，避免交叉药害的发生。严重受害的地块，只能拔除毁种。

10. 甜瓜秧苗的嫁接砧木有哪些？

（1）**白籽南瓜类**　主要是土佐系南瓜，如新土佐、早生新土佐、超级新土佐等，这类砧木与甜瓜亲和力强，耐低温干燥，为甜瓜的常用砧木。

（2）**甜瓜共砧**　如甬砧 3 号世纪星，它与栽培甜瓜的嫁接亲和性和共生性最好，嫁接后不会引起植株生长过旺，植株长势稳定，果实品质也无不良表现，对甜瓜枯萎病的抗性强于栽培甜瓜，也较耐低温。但对甜瓜枯萎病的抗性不如南瓜砧和冬瓜砧强，不宜在发病较为严重的地块应用。

（3）**冬瓜砧**　亲和力高，耐高温，果实品质好，适于夏季高温期栽培。

11. 甜瓜秧苗发生"亮叶"的防治措施有哪些?

北方瓜农常说的"亮叶"是指甜瓜感染了溃疡病。病菌侵染幼苗、茎秆及幼果,结果盛期也可感染。病菌通过植株的疏导组织进行传导和扩展,感病初期在叶片表面呈鲜艳水亮状即"亮叶"。幼瓜初期染病呈水渍状烂瓜。茎蔓染病,呈油渍状阴湿蔓,有裂蔓现象,潮湿条件下病茎和叶柄会有菌脓溢出。

防治措施:

(1) 农业措施 采用高垄栽培,避免带露水或潮湿条件下的整枝打杈等操作,阴天不进行整秧掐蔓操作。清除病株和病残体并烧毁,病穴撒入石灰消毒。

(2) 种子消毒 可以用温汤浸种 30 分钟或 70℃ 干热灭菌 48~72 小时,或用硫酸链霉素 200 毫克/千克种子浸种 2 小时。

(3) 药剂防治 预防溃疡病,初期可选用 47% 加瑞农可湿性粉剂 900 倍液,或 77% 可杀得可湿性粉剂 500 倍液,或 27.2% 铜高尚悬浮剂 800 倍液喷施或灌根,或用细菌灵 400 倍液、硫酸链霉素 3 000 倍液、新植霉素 5 000 倍液喷施。每亩用硫酸铜 3~4 千克撒施后浇水处理土壤也可以预防溃疡病。

12. 瓜棚内怎样正确使用百菌清烟剂?

(1) 剂型和燃放点数量的确定 使用有效成分含量低的(30%、20%、10%)烟剂时,可适当集中燃放,燃放点可少些,一般每亩设 3~5 个即可。但使用有效成分含量高的烟剂时,为防止产生药害,应分散燃放,每亩可设 5~7 个燃放点。中、小棚宜选用有效成分含量低的烟剂,一般每亩设 7~10 个燃放点;低于 1.2 米高的小棚不宜使用烟剂,否则易造成药害。

(2) 用药量的确定 根据棚室空间大小、烟剂有效成分含量和蔬菜的不同生育时期确定用药量。棚室高,跨度大,用药量多。烟

剂有效成分含量高，用药量少。在蔬菜生长的前期，用药量应酌情减少。一般棚室使用30％百菌清烟剂时，每次用药量为每亩300～400克。每隔7～10天1次，连用2～3次。

（3）用药次数的确定　在发病初期，只需燃放烟剂1次即可达到预期的防治效果。病害发生较重时，一般应连续防治2～3次。每次施药间隔5～7天，如在两次使用烟剂的中间，选用另外一种杀菌剂进行常规喷雾防治，效果更佳。

（4）烟剂使用时期　以阴雨天以及低温的冬季使用效果最好。

（5）烟剂使用时间　一天中最适宜的烟剂使用时间为傍晚。

（6）操作方法　温室使用烟剂一般于下午放下草苫后开始，大棚于下午日落前进行。施药时按照药品使用说明书掌握用药量。使用烟剂前，将棚室密闭，烟剂离开蔬菜至少30厘米远。由内向外，逐个点燃，密闭棚室过夜，翌日早晨通风。

13. 大白菜的需肥特点有哪些？

大白菜生育期长，产量高，养分需求量极大，对钾的吸收量最多，其次是氮、钙，磷、镁。每1 000千克大白菜约需要吸收氮（N）2.2千克、磷（P_2O_5）0.94千克、钾（K_2O）2.5千克。

由于大白菜不同生育时期的生长量和生长速度不同，对营养条件的需求也不相同。总的需肥特点是：苗期吸收养分较少，氮、磷、钾的吸收量不足总吸收量的1％；莲座期明显增多，约占总量的30％；包心期吸收养分最多，约占总量的70％。

各个时期吸收三要素的比例也不相同，发芽期至莲座期吸收的氮最多，钾次之，磷最少，结球期吸收钾最多，氮次之，磷最少，因为结球期需要较多的钾促进外叶中光合产物的制造，同时还需要大量的钾促进光合产物由外叶向叶球运输并储藏。充足的氮素营养对促进形成肥大的绿叶和提高光合效率具有特别重要的意义，如果氮素供应不足，则会植株矮小，组织粗硬，导致严重减产；如果氮肥过多，叶大而薄，包心不实，品质差，不耐储存。磷肥充足有利于叶球形成，钾能增加大白菜含糖量，加快结球速度，如果后期磷、钾供应不足，往往不易结球。大白菜是喜钙作物，在不良的环境条件下发生生理缺钙时，往往会出现干烧心病，严重影响大白菜的产量和品质。

14. 大白菜的施肥技术应该怎样掌握？

大白菜全生育期每亩施肥量为农家肥 2 500～3 000 千克（或商品有机肥 350～400 千克）、氮肥（N）13～16 千克、磷肥（P_2O_5）5～8 千克、钾肥（K_2O）10～12 千克，农家肥或商品有机肥作基肥，氮、钾肥分作基肥和追肥，磷肥全部作基肥，化肥和农家肥（或商品有机肥）混合施用。

（1）基肥　施足基肥是大白菜获得高产的基础。基肥每亩施用农家肥 2 500～3 000 千克（或商品有机肥 350～400 千克）、尿素 4～5 千克、磷酸二铵 11～17 千克、硫酸钾 6～7 千克，缺钙土壤施用硝酸钙 20 千克。

（2）追肥

①莲座期追肥。大白菜莲座期生长速度和生长量都较大，是产量形成的重要时期，充足的水肥供应保证莲座叶旺盛生长是丰产的关键。一般莲座期可以亩施尿素 6～7 千克、硫酸钾 4～5 千克。

②结球期追肥。结球初期叶环外层叶迅速生长，生长量最大，对氮素养分的需要量特别高，应重施一次追肥。结球中期，叶球内叶子迅速生长而充实内部，生长量也很大，为了延长外叶的功能，延缓叶片衰老，应根据土壤肥力状况进行追肥。一般结球初期可以亩施尿素 8～10 千克、硫酸钾 6～7 千克，结球中期可以亩施尿素 6～7 千克、硫酸钾 4～5 千克。

（3）根外追肥　在生长期喷施 0.3% 氯化钙溶液或 0.25%～0.50% 硝酸钙溶液，可降低干烧心发病率。在结球初期喷施 0.5%～1.0% 尿素或 0.2% 磷酸二氢钾溶液，可提高大白菜的净菜率，提高商品价值。

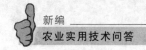
15. 大白菜施用沼液肥，在不同生育期有哪些区别？

大白菜施用沼液肥，不但生长快、产量高、成熟早、品质好，而且有明显的防病作用。

(1) 大白菜苗期 用 40％沼液肥进行穴施，或按每亩 800 千克沼液肥顺垄浇施，但浇施后必须立即浇水，以免烧苗。

(2) 莲座期浇施 莲座期是大白菜发病率较高的时期之一，除将沼液肥兑清水穴施或顺垄浇施外，如再用 30％沼液肥进行一次叶面喷施，效果更佳。

(3) 结球期浇施 此期沼液肥的追施量每亩可增加到 1 000 千克，并结合浇水分 3 次施入即可。

(4) 成熟期浇施 大白菜进入成熟期后，对水肥不太敏感，所以沼液肥的施用量可降至每亩 400 千克左右，同样结合浇水分次施入。

16. 菠菜缺氮的症状及防治方法是什么？

菠菜缺氮的症状：叶色浅绿、基部叶片（老叶片）变黄，逐渐向上发展，干燥时呈褐色。植株矮小，分枝（分蘖）少，出现早衰现象。

防治方法：施足基肥，每亩施腐熟畜肥 2 000～3 000 千克、磷肥 30～35 千克、钾肥 10～15 千克。2～3 片真叶时，结合间苗追一次肥，每亩施尿素 7.5～10 千克。6～7 叶期每亩施尿素 15～20 千克。越冬栽培菠菜，春后气温稳定时（不结冰），如表土干旱，苗心叶发绿时，要及早浇返青水。秋菠菜，2 叶期结合间苗追肥 1 次，4～5 叶期时浇水追肥，以速效氮肥为主。在菠菜生长期间要保持土壤湿润，遇干旱要及时浇灌或结合追肥进行氮肥勤施。

17. 大棚秋菠菜种植什么品种适宜？

大棚秋菠菜的栽培，是指生育前期在大棚内可以不扣棚膜生长（即露地生长），霜冻前扣上棚膜在大棚内生长，采收时间为 11 月上旬。同时整个生育期也可以扣棚膜栽培。品种可选用菠杂 58、菠杂 18、全能、菠杂冠能等，它们耐寒性强、生长速度快，产量高，抗病能力强。

18. 花椰菜的壮苗标准是什么？

花椰菜壮秧的苗龄，春苗为 50 天左右，夏播苗为 25 天左右。壮苗的株高 15 厘米左右，具有 5～6 片真叶，叶色浓绿稍有蜡粉，叶片大而肥厚，节间短，叶柄也短，根系发达，须根多，全株无病虫害和机械损伤。

19. 空心菜的种植品种有哪些？

空心菜的种植品种分 3 种：一是白花种，叶长心脏形，茎叶肥大、淡绿色，花白色，质地柔嫩，品质佳，如大骨青、大鸡白；二是紫花种，茎与花带淡紫色，纤维多、品质差，抗逆性强；三是吉安大叶蕹菜，适于壤土或黏土栽培，喜氮肥，茎叶繁茂，茎中空有节，叶片肥大，产量高且品质好，适应性强。

20. 韭菜的繁殖方法有哪些？

韭菜繁殖方法可分为有性和无性繁殖两种。前者是用种子繁殖，繁殖系数高、植株生活力强、分蘖旺、寿命长、产量高；后者是用分株繁殖，可随时进行，但繁殖系数低，生活力、分蘖力弱、寿命短、产量低。生产上主要采用有性繁殖方法。

21. 棚室茄子育苗应该注意什么？

选择早熟丰产、耐寒性强、品质优的茄子良种，如杭茄一号、杭茄三号。以9月中旬至10月上旬播种为宜，采用大棚加小拱棚保护地育苗。苗期气温尽量控制在白天25～28℃、夜间15～18℃；适宜地温12～15℃。3～4片真叶时用营养钵分苗。整个苗期要注意防止徒长和冻害。所育的茄苗要求苗龄较短、茎粗、棵大、根系发达。

22. 茄子采摘时果柄留长好还是留短好？

在采摘圆茄时，植株上留的果柄较长为好，即在剪除时不要全部剪除果柄。因为在植株上留下长果柄，在病害侵染后，因为果柄较长，侵染到茎秆处还有一部分距离，便于菜农发现后提早防治。另外，植株上留长果柄，果实上的果柄就相应变短，可以省去装筐时剪果柄的麻烦。

病害从剪除部位侵染植株，不是留长果柄和不留果柄就能避免的。菜农可以在剪除圆茄时，事先给果剪涂抹百菌清，消毒灭菌，以防剪口侵染病害。

23. 茄子保花保果措施有哪些？

棚室种植茄子常出现落花落果的现象，为防止此现象的发生，可采取下列措施处理花蕾或幼果。

（1）用25％复合型2，4-D稀释液 在开花前后1～2天，用毛笔蘸花、涂花柄或将花蕾于稀释后的药液中浸2～3秒钟后取出。使用浓度与温度有关，温度高于15℃时，每千克清水中加入原药液48～50滴摇匀；当温度低于15℃时，每千克清水中加入原药液72～74滴摇匀。在2，4-D药液中同时加入赤霉素更为有效。

（2）用 2.5%坐果灵稀释液 在开花后的第二天 16：00 后，用手持小喷雾器将稀释液喷洒于花和幼果上，不可喷到植株的顶叶和嫩叶上，每隔 5～7 天喷 1 次。当棚温高于 25℃时，每毫升原药液加水 1.25 千克；当棚温低于 25℃而高于 15℃时，每毫升原药液加水 0.85 千克；当棚温低于 15℃时，每毫升原药液加水 0.33 千克。

（3）用丰灵 1 500～2 500 倍液 在开花前 1 天、开花当天及开花后 1 天，用手持小喷雾器喷蕾、花、幼果。当棚温低于 15℃时，一胶囊药粉（0.4 克）兑水 0.6 千克；当棚温高于 25℃时，一胶囊药粉（0.4 克）兑清水 1 千克；当棚温 15～25℃时，一胶囊药粉（0.4 克）兑水 0.8 千克。

24. 茄子嫁接前砧木如何选择?

在生产实践中，用于茄子嫁接的砧木共分 3 种：

（1）平茄 又称赤茄、红茄，主要抗枯萎病，中抗青枯病（防效可达 80%）。种子易发芽，嫁接成活率高，用平茄作砧木需比接穗早播 7 天。土传病害（青枯病）严重地块，不宜选用该品种作砧木。

（2）刺茄 高抗黄萎病（防效在 93%以上），是目前北方普遍使用的砧木品种，种子易发芽，浸泡 24 小时后约 10 天可全部发芽。刺茄较耐低温，适合进行秋冬季温室嫁接栽培。刺茄作砧木需比接穗早播 5～20 天。

（3）托鲁巴姆 该砧木对枯萎病、黄萎病、青枯病、根结线虫病 4 种土传病害，达到高抗或免疫的程度。种子需催芽，即浸种时每千克用赤霉素 100～200 毫克浸泡 24 小时，再用清水浸洗干净，放入小布袋内催芽。催芽播种需比接穗提前 25 天，如浸种直播应提前 35 天。

25. 茄子嫁接方法有哪些？

（1）劈接法 当砧木长到 6～7 片真叶，接穗长到 5～6 片真叶时，即可进行嫁接。选茎粗细相近的砧木和接穗配对，在砧木 2 片真叶上部，用刀片横切去掉上部，再于茎横切面中间纵切深 1.0～1.5 厘米的切口；取接穗苗保留 2～3 片真叶，横切去掉下端，再小心削成楔形，斜面长度与砧木切口相当，随即将接穗插入砧木切口中，对齐后，用固定夹子夹牢，放到苗床地上。

（2）贴接法 砧木和接穗大小与劈接法相同，先将砧木保留两片真叶，去掉下部，再削成 30°角斜面，斜面长 1～1.5 厘米；取来接穗，保留 2～3 片真叶，横切去掉下端，也削成与砧木大小相同的斜面，二者对齐、靠紧，用固定夹子夹牢即可。

26. 哪些措施可以延长圆茄采收期？

（1）清除地膜，划锄地面 由于圆茄一般是去年 8 月定植，到今年 6 月已经生长接近 10 个月，茄子的根系老化严重，因此要尽量促发新根。但是因为种植行浇水次数过多，土壤密实度增大，因此要将种植行的地膜全部清除，然后进行划锄，这样可以增加土壤的透气性，促进新根的萌发，保证圆茄根系吸收的营养能够满足植株生长的需要。

（2）加强侧枝结茄 由于圆茄主枝的结果能力下降，并且畸形果增多，因此要采取措施提高圆茄的结果率，增加圆茄的商品性，这样就要考虑利用侧枝结茄。同时，在主枝上留取侧枝结果时，每主枝留取 1～2 个为宜。如果留得过多，植株营养不能供应果实发育，容易引起主枝早衰。但圆茄的侧枝连续结果能力较弱，故每个侧枝只留一个茄子，侧枝坐果之后，要在果实上部留取 2～3 片叶后摘心，以保证茄子发育所需的营养。

（3）加强圆茄叶部管理，延缓叶片衰老 因为植株老化严重，根系的吸收能力降低，叶片黄化现象严重，因此要注意通过叶面补肥的方法减缓叶片的衰老。尤其是对于一些在植物体内移动性较差的元素，如铁、镁等，要注意加强使用，这样可以延缓叶片黄化，提高叶片的光合作用，保证叶片制造的营养能够满足圆茄膨果的需要。

27. 如何提高茄子嫁接的成活率？

首先，选苗是关键，在嫁接以前一定要剔除弱苗、小老苗、带病苗等。

其次，苗床环境比较重要。一般来说，茄子嫁接后前3～4天是接口愈合的关键时期，光、温湿度要求严格，在管理上要特别注意。白天小拱棚内温度保持25～28℃，夜间20～22℃，空气相对湿度95％以上（即小拱棚内膜面均匀地布满水珠）。嫁接后前3天，小拱棚完全关闭，用草帘遮阳；第四天开始早上适当地在小拱棚顶部打开5厘米的小缝进行通风换气。以后每天逐渐增长通风时间，增大通风缝，第七天后，嫁接苗成活可完全通风。在嫁接苗完全通风后，对嫁接苗叶面用磷酸二氢钾300倍液和普力克600倍液的混合液进行喷雾，以防接穗叶片黄化病变。

再次，及时清水喷灌，防止萎蔫。嫁接后第四天，嫁接苗在出现萎蔫之前放草帘遮阳。第七天小拱棚打开完全通风以后，拱棚内湿度会迅速降低，若湿度下降幅度大，需要给拱棚内增加湿度，可在10:00左右，用清水给小拱棚内膜面喷雾。在遮阳的情况下，如接穗仍出现萎蔫，可对接穗叶面进行喷雾。

最后，及时移苗，补充养分。嫁接后第九天嫁接苗完全成活，可进行定植；也可对嫁接苗进行分级管理，选晴天剔除嫁接苗砧木上新萌发的侧枝和接穗上黄叶、病叶，将弱小苗和健壮苗分开摆放，摆放时营养钵之间距离3厘米，扩大嫁接苗光照面积。苗床摆满后，大水漫灌苗床，水漫到营养钵高度的1/2为止，促进秧苗生长，嫁接后12天左右再进行定植。

28. 什么是茄子 V 形整枝技术?

茄子 V 形整枝技术主要是在植株定植后进行主干除蘖工作,促使第一朵花着生节位高 50～60 厘米,其下自然形成两个分枝。这两个分枝在着生 2～3 片叶以后再各自长出分枝,留此 4 个主枝为结果母枝,分别牵引使其与主干成 V 形。以后对主干下部发出的侧芽、叶片均应及早摘除,以节省养分及保持田间通风、透光。

采用 V 形整枝法后,植株的每个结果母枝营养供应充分且均匀,结果数量大大增多,平均每枝可结果 6～8 个,因此要用支架支撑其重量。支架的搭建以在茄子主干两边,使用竹竿斜插成 V 形,高度约为 2 米,每支竹竿间隔 2.3～2.6 米,然后再用细竹竿横向缚于 V 形支架上,高度为 110～130 厘米。此时因结果母枝尚短,未能生长至横支架上,应用塑胶绳牵引,直到结果母枝生长达到横支架上时,再将结果母株上的塑胶绳改系于横支架上。在茄子的结果母枝上,每片叶的叶腋处发出的侧芽为结果短枝,在其结果后进行摘心,以使养分充分供应茄果生长。采收茄果时,应在近结果短枝基部侧芽上方剪下,促使其基部侧芽再生长成结果短枝,此枝生长 20～30 天后便可开花结果。

29. 如何提高茄子的坐果率?

(1) 人工授粉 保护地中应进行人工授粉,授粉时间以早晨 8:00～10:00 效果最好。

(2) 摘心 茄子一般坐果规律是随着植株的分杈而增加,基本上是每一分杈坐一个果。如门茄大多是一个,对茄是两个,四母斗茄是 4 个,而八面风茄则是 8 个。所以种植管理中,应充分利用这一特性,在定植后及时进行摘心,以促进其迅速分枝,增加结果部位,提高坐果率。

（3）促弱控旺 茄子植株生长弱，营养不足，会加剧落花落果；但生长过旺，又会引起营养相对不足而造成落花落果。所以维持正常（不旺不弱）长势是促进茄子成花坐果的基本要求。因此，对生长弱的植株，应通过增施水肥，使其增强长势；生长过旺的要适当控制水肥，促其恢复正常生长，才能提高坐果率。

具体做法是：对弱苗加强水肥管理时，前期应以有机肥及速效磷为主，中后期可改用速效性氮肥，最好能在门茄开花时，每亩追腐熟稀粪 500～600 千克，或饼肥 20～30 千克，加入 15～20 千克普通过磷酸钙。进入盛果期后，追肥应转向以速效性氮肥为主（每次每亩追尿素 10～15 千克），在结果期追 3～5 次。同时还要注意结合追肥进行浇水。对过旺苗可在花期将植株的茎捏伤，以促进光合产物的积累，促进坐果；还可通过中耕伤根，减弱植株吸收养分及水分的能力，起到缓和长势，促进结果的目的。

（4）激素处理 花期用 20 毫克/升防落素喷花，或用 30～40 毫克/升 2，4-D 蘸花，均可达到防止落花落果的效果，进而提高坐果率。

30. 番茄结的果实不是很圆，而是起棱凸起，是什么原因造成的？怎样防治？

保护地番茄生产中，这种起棱凸起的果多与番茄管理中过度疏叶有关。不少菜农为增加果实着色，中后期把正在上色的果实周围的叶片全部摘除，有的只留 2～3 片叶。这就造成了叶片面积太小，不能养根也不能供果的问题，最终导致果实得不到充足的有机营养，使得正在发育的果实心皮空腔中缺少填充物，呈凹陷状态，而腔壁显得高，就形成了起棱现象。这种果实不圆，内含物少，重量轻，口味差，糖度低，造成减产 25％～30％。

为减少这种后果的发生，要通过采取改变过度疏叶的老习惯，

尽量减少叶片摘除量，促进果实正常生长，最终实现优质高产的目的。

31. 番茄缺硼症有哪些表现？如何防治？

番茄缺硼症的表现：

①幼苗叶片和真叶呈紫色，叶片硬而脆。小叶失绿呈黄色，茎生长点变黑、干枯。

②植株呈丛生状，顶部枝条向内卷曲、发黄。严重时生长点死亡，茎、叶柄很脆弱，易使叶片脱落。

③根生长不良，呈褐色。

④果实成熟期不齐，有褐色侵蚀斑或黑疤，果实畸形，果面产生裂痕，木栓化。

防治措施：

①改良土壤，增施腐熟有机肥。酸性土壤改良时要注意石灰的用量，防止石灰施用过量引起缺硼。

②提前施入含硼的肥料。

③出现缺硼症状后，叶面喷施硼肥，一般稀释 800～1 200 倍，3～4 天喷施一次，直到缺硼症状消失。

32. 番茄出现脐腐果，喷施钙肥后还有发生，应采取什么措施？

番茄出现脐腐病，原因与缺钙有关，但要注意作具体分析。一是北方土壤一般不缺钙，但不能过度控水，使植株出现干旱。二是注意补充硼肥，硼缺乏时会使钙不足。另外如果硼元素不足时，钙很丰富也不会被大量吸收，这会引发缺钙。所以在生产中应通过喷用硼肥或地下追施硼砂，以促进钙元素吸收。

33. 番茄植株长势很好，果实却很小，而且长得很慢，是什么原因？

这是营养生长过剩，生殖生长太弱所致。棚温偏高，水肥充足，氮肥偏多都会引发旺长。为控制旺长，必须做到控温不过高，控水不过多，控氮不多用，同时喷用助壮素或矮壮素或较高浓度的爱多收，以控制旺长，从而达到营养生长和生殖生长平衡的目的，最终实现高产。

34. 番茄结出很多扁圆形小果，长不大是什么原因？

这属于典型的僵果，为生理病。造成僵果的主要原因：一是温度过低、光照不足，幼果得到的营养少；二是用 2,4-D 等激素蘸花，幼果不掉，但也不会迅速生长，形成僵果；三是蘸花药使用过早、过浓，未等花开放就蘸花，造成僵果，叫"早僵晚裂"。另外，缺硼也会加重僵果出现。

为减少僵果现象的出现，可通过采取将温度调节在正常范围，改善光照，注意蘸花不能过早，及时补充硼肥等综合措施进行预防。

35. 番茄叶片发暗，有的表面变白，有的嫩叶变浅紫红色，这是为什么？

这是由于番茄生长期间遭遇持续低温导致的冷害。较长时间的低温，使花青素增加，导致老熟叶片表面发白，嫩叶变成浅紫红色。在生产中有"7℃、8℃叶无光，5℃、6℃叶变黄"的说法，就是这种现象。在遭遇持续低温时，应该立即采取措施提高生产环境温度，以避免低温危害的发生。

36. 番茄叶片黄、小,主脉略呈紫色,是什么原因引起的? 如何防治?

这是由于缺氮导致的缺素症。田间症状表现为:初期老叶黄绿色,后期全株呈浅绿色,小叶细小直立,主脉出现紫色,下位叶片尤为明显。开花结果少,果实小。

防治措施:

①培肥地力,提高土壤供氮能力。

②对秸秆还田的地块,应注意配合用速效氮肥。

③在翻耕整地时,增施氮肥。

④应急措施:叶面喷施 0.5% 尿素水溶液,5～7 天喷 1 次,连喷 2 次,可有效缓解缺氮症状。

37. 番茄枯萎病怎样防治?

番茄枯萎病是典型的土传病害,一旦发生,极易随着浇水及农事操作传播流行。防治措施主要有以下几种:

(1) 苗期防治 25% 阿米西达悬浮剂 1 500 倍液喷育苗盘,杀灭病原菌;在移栽时每穴施用 68% 精甲霜锰锌(金雷)0.5 克,进行土壤消毒。

(2) 成株期防治 可选用 4% 嘧啶核苷类抗菌素水剂 200 倍液、10% 双效灵水剂 200 倍液、50% 菌毒清水剂 200～300 倍液、50% 琥胶肥酸铜可湿性粉剂 400 倍液等灌根,每株灌药液 300～500 毫升,每隔 7～10 天灌 1 次,连灌 2～3 次。

38. 番茄黄化曲叶病毒病的主要特征是什么? 如何防治?

感染黄化曲叶病毒病的番茄植株矮化,生长缓慢或停滞,顶部叶片常稍褪绿发黄、变小,叶片增厚,边缘上卷,叶质变硬,叶背面叶脉常显紫色。生长发育早期染病植株严重矮缩，无法正常开花结果；生长发育后期染病植株仅上部叶和新芽表现症状，结果数减少，果实变小，成熟期果实着色不均匀（红不透），基本失去商品价值。

防治措施：

（1）培育无病无虫苗是关键 该病对番茄植株侵害越早，发病率越高，所以预防要从育苗期抓起，做到早防早控，力争少发病或不发病。苗床周围杂草要除干净，苗床土壤要进行消毒处理，以减少病源。苗床用黄化曲叶病毒灵 B 灌根剂 3 000 倍液喷后整地，并使用 40～60 目防虫网覆盖。在苗期 2～3 片叶开始 5 天 1 次连续喷施 3 次黄化曲叶病毒疫苗预防。并用黄化曲叶病毒灵 B 灌根剂 2 000 倍液在分苗时和定植前灌苗床 2 次。

（2）农业措施 定植时用黄化曲叶病毒灵 B 灌根剂 2 000～3 000 倍液浇穴水，缓苗后用黄化曲叶病毒灵 A 每袋兑水 15 千克，3～4 天喷施 1 次，连喷 4 次。适当控制氮肥用量和保持田间湿润。施肥灌水要少量多次，做到不旱不涝，适时放风，避免棚内高温，调节好田间温湿度；增施有机肥，促进植株生长健壮，提高植株的抗病能力，1～2 穗果时可再喷施 1～2 次黄化曲叶病毒灵 A；及时清除田间杂草和残枝落叶，以减少虫源。大棚风口用 40～60 目防虫网隔离，配合田间吊黄板预防烟粉虱。

（3）治疗 如前期没有预防感染病毒，立即用黄化曲叶病毒灵 B 灌根剂 2 000～3 000 倍液灌根，同时每 3～4 天喷 1 次黄化曲叶病毒灵 A 或黄化曲叶病毒疫苗，连喷 4～5 次。在治疗期间停止用生长素及控旺药物及普通病毒药物。

注意：一般浇水后的 3～4 天用药最好，用药 1～2 次可控制病害扩散，用药 3～4 次初发病株可恢复，对生长点已经停止生长的就没有治疗意义了。如果已经发病必须灌根和喷施同时进行，效果快，恢复好。

39. 番茄果实长有小疙瘩及近圆形的小青褐色斑点，这是什么病，用什么药防治？

这是番茄疮痂病，属于细菌性病害。可用抗生素或铜制剂喷雾防治，如新植霉素、链霉素、中生菌素等，也可用铜制剂如铜高尚或噻菌铜等进行防治；另外可用达科宁 35 克加医用链霉素 3 支加医用土霉素 20 片，兑水 20 千克喷雾，也可有效控制该病危害，该处方也可兼防真菌性病害。

40. 番茄溃疡病有什么危害，怎么防治？

番茄溃疡病是一种毁灭性病害，自 1985 年在北京市发现后，已相继在内蒙古、山西、河北、黑龙江、吉林、辽宁等省、自治区发生危害。严重发病的地块番茄减产达 25％～75％。我国已将其列为检疫对象以防止和控制病害的发生蔓延。

症状特点：番茄幼苗至结果期均可发生溃疡病。叶、茎、花、果都可以染病受害。

（1）**幼苗期** 多从植株下部叶片的叶缘开始，病叶发生向上纵卷，并从下部向上逐渐萎蔫下垂，好似缺水，病叶边缘及叶脉间变黄，叶片变褐色枯死。有的幼苗在下胚轴或叶柄处产生溃疡状凹陷条斑，致病苗株体矮化或枯死。

（2）**成株期** 病菌由茎部侵入，从韧皮部向髓部扩展。初期，下部凋萎或纵卷缩。似缺水状，一侧或部分小叶凋萎，茎内部变褐色，病斑向上下扩展，长度可达一节至数节，后期产生长短不一的穿腔，最后下陷或开裂，茎略变粗，生出许多不定根。在雨水多或湿度大时，从病茎或叶柄病部溢出菌脓，菌脓附在病部上面，形成白色污状物，后茎内变褐色而中穿，全株枯死，枯死株上部的顶叶呈青枯状。果柄受害多由茎部病菌扩展而致其韧皮部及髓部呈现褐色腐烂，可一直延伸到果内，致幼果滞育、皱缩、畸形，使种子不正常和带菌，有时从萼片表面局部侵染，产生坏死斑，病斑扩展到果面。潮湿时病果表面产生"鸟眼斑"，鸟眼斑圆形，周围白色略隆起，中央为褐色木栓化突起，单个病斑直径3毫米左右。有时许多鸟眼斑在一起形成不定型的病区。鸟眼斑是番茄溃疡病病果的一种特异性症状，由再侵染引起，不一定与茎部系统侵染同发生于一株。

防治措施：

①加强检疫，严防病区的种子、种苗或病果传播病害。

②种子用55℃热水浸种25分钟，后用新高脂膜拌种，能驱避地下病虫，隔离病毒感染，不影响萌发吸胀功能，加强呼吸强度，提高种子发芽率，播种后及时喷施新高脂膜800倍液保温保墒，防止土壤结板，提高出苗率。

③选用新苗床育苗，如用旧苗床，需每平方米苗床用40%甲醛30毫升喷洒，盖膜4～5天后揭膜，晾15天后播种。

④与非茄科作物轮作3年以上。

⑤加强田间管理，及时中耕除草，平衡水肥，追肥要控制氮肥的施用量，增施磷钾肥。适时通风透光，有利于番茄生长，提高抗病性。避免雨水未干时整枝打杈，雨后及时排水，及时清除病株并烧毁。适时喷施促花王3号抑制主梢旺长，促进花芽分化，提高植株的抗病能力。在开花前、幼果期、果实膨大期各喷施一次果宝，可提高授粉质量，增强循环坐果率，使番茄连年稳产优质。

⑥土壤消毒：每亩用47%加瑞农可湿性粉剂200～300克，在移栽前2～3天或者盖地膜前地面喷雾消毒，每亩用水量60～100千克，对病害起到很好的预防作用。

41. 番茄盛果期的幼果表面出现褐色病斑，稍凹陷，剖开病部里面也变褐色，这是什么病？怎样防治？

这是筋腐病，属生理性病害，主要是施肥不当，氮肥过多，微量元素缺乏造成的。这些病果着色不匀，出现花皮，果肉变硬，品

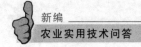

质差，应及时摘掉。同时，叶面喷洒含有氨基酸和硼、铁、锌的叶面肥，隔5～7天喷1次，连喷2～3次。

42. 番茄顶部心叶水渍状、发黑、腐烂，是什么病？怎么防治？

番茄顶部心叶干叶尖、干叶缘，一般是由于缺钙、硼元素引发的生理性病害，在湿度大的情况下，进一步感染细菌性病害，造成叶尖、叶缘水渍状软腐。建议使用硼、钙微肥叶面喷施2～3次，同时混加硫酸链霉素或新植霉素或龙克菌防治。

43. 番茄已结果，不少植株叶片从底部卷叶成筒状，并且出现黄化，这是什么原因？如何防治？

这是番茄的生理性卷叶病。主要是高温、干旱、营养不良造成的。应注意降温、适时浇水，如果叶片黄化，可以叶面喷肥，如含有氨基酸、钙、硼、锌、镁的叶面肥，既能防止卷叶，又能促使果实膨大。

44. 番茄植株顶部叶片全部出现卷曲、皱缩，这是什么病？

这是激素中毒所致。番茄棚内使用2，4-D蘸花，使用量在番茄植株内积累到一定程度，就会出现激素中毒症状，用甲壳素或芸薹素内酯喷雾，即可缓解。

45. 有些番茄果实发育不大，内部变绿色，味很酸，是什么原因？

这种果实为绿腔果，是在果实成熟时，果腔呈绿色，果内浆液酸度大，严重的果中心有一硬化的木质。诱发原因是土壤较长时间干旱，所以要及时供水，并注意果实膨大期钾肥的用量要高过氮肥的用量，因为果实生长期中氮高钾低的供肥方式使产量难以提高，也会使绿腔果发生更趋严重。

46. 番茄黄白苗是怎么引起的？如何防治？

个别苗全身黄白为遗传缺陷，应拔除不用。也有的属病毒病危害，也应拔除换好苗。另外，大部分番茄黄白苗是由于土壤黏重降低了秧苗吸收铁肥的能力造成的，尤其是浇水后黄白苗更严重，应该采用叶面喷施的方法补充含锌含铁的叶面肥。

47. 番茄膨果期管理技术要点有哪几个方面？

进入膨果期，番茄果实生长发育所需求的营养就进入了高峰期，确保充足的营养供应是番茄膨果期管理的重中之重。

营养分为有机营养和无机营养，有机营养是指光合作用制造的有机产物；无机营养即矿物质营养，也就是根系吸收的肥料。这两方面的营养都要充足，体现在生产管理上：

一是水肥供应要充足。现阶段是番茄增重增产的好时机，因此应加强水肥管理，可每次每亩冲施乐宝（20∶10∶30）5～7.5千克，或用大源新快枪手配合美丰达进行冲施，补充果实发育所需的养分，视天气情况，10天左右冲施一次即可满足需要。此期要求水肥充足，但绝不能大水大肥，以免造成根系受伤。提倡用全水溶性肥料、生物菌肥配合，其道理也在于此。

二是防好叶部病害，合理疏枝、打叶，保证叶片的光合效率。郁闭的叶片不仅影响叶片的光合效率，增加营养消耗，还会加大感染病害的概率。

该期危害番茄的主要病害有灰霉病、叶霉病、晚疫病和细菌性病害。对于灰霉病，常暴发于连阴天后，管理上一定要注意连阴天

前后的预防，可采用熏施百速烟剂与喷施扑海因、和瑞、农利灵等相结合的方法进行防治；对于叶霉病，可用加瑞农、氟菌唑、腈菌唑等药剂进行防治，且要确保喷严喷透；对于晚疫病，可用普力克、金雷、烯酰吗啉等药剂进行防治；对于细菌性病害，可用链霉素、中生菌素等配合铜制剂进行防治。

48. 温室番茄怎样喷施叶面肥?

一是要根据番茄的生长情况确定营养的种类。一般来讲，结果前期，植株生长比较旺盛，易徒长，应少用促进茎叶生长的叶面营养。可选用磷酸二氢钾、复合肥等。结果盛期，植株生长势开始衰弱，应多用促进茎叶生长的叶面营养来促秧保叶，可选用尿素、糖及大源一号、稼棵安等各类叶面专用营养液。

二是要根据天气情况确定营养的种类。阴雪天气，温室内的光照不足，光合作用差，番茄的糖分供应不足，叶面喷糖效果比较好。

三是叶面及时喷施钙肥。番茄果实生长需要较多的钙，土壤供钙不足时，果实容易发生脐腐病。因此，在番茄结果期主张喷施氯化钙、过磷酸钙、氨基酸钙、补钙灵等钙肥以满足番茄对钙素的需要。

四是番茄叶面施肥的间隔时间要适宜。番茄叶面施肥的适宜间隔时间为5～7天。其中叶面喷施易产生肥害的无机化肥间隔时间应长一些，一般不短于7天，有机营养的喷施时间可适当短一些，一般5天左右为宜。

五是番茄叶面施肥应注意与防病结合进行。温室内冬春季节叶面施肥往往会造成保护地内空气湿度明显增大，易引起番茄发病。因此连阴天叶面喷施肥料次数要少，施肥时加入安泰生、杜邦易保等保护性杀菌剂，并在施肥后进行短时间通风以减少发病率。

六是叶面肥使用不当。发生伤叶时，要用清水冲洗叶面，冲洗掉多余肥料，并增加叶片的含水量，缓解叶片受害程度。土壤含水量不足时，还要进行浇水，增加植株体内的含水量，降低茎叶中的肥液浓度。

49. 番茄怎样进行催熟?

(1) 催红不宜过早　一般在果实充分长大时催红效果最好。若果实还处在青熟期,未充分长大,急于催红易出现着色不均的僵果现象。

(2) 药剂的浓度不宜过高　番茄催红大多使用 40%乙烯利,每 50 毫升乙烯利加水 4 千克,混合均匀后使用。如药液浓度过高,会伤害植株基部叶片,使叶片发黄,产生明显的药害症状。

(3) 每次每株催红果实的数量不宜太多　单株催红的果实一般每次 1～2 个。因为单株一次催红果实太多,植株受药量过大时易产生药害。

(4) 药液不宜沾染叶片　如果药液沾染叶片,就会导致叶片发黄凋落。

(5) 催红的具体做法　用小块海绵浸蘸药液,涂抹果实的表面。也可戴上棉纱手套浸蘸药液,涂抹果实表面。

50. 拱棚西瓜怎样进行水分管理?

一般来说,西瓜幼苗期需水量一般较少,前期一定要采取控水蹲苗的措施,以促进根系下扎和健壮。伸蔓期对西瓜水分管理应掌握促控结合的原则,保持土壤见干见湿。西瓜进入开花结瓜期后,对水分较敏感,如果此期水分供应不足,则雌花子房较小,发育不良;如果供水过多,又易造成茎蔓旺长,同样对坐瓜不利。因此此期应以保持土壤湿润为宜。西瓜膨瓜期是需水较多的时期,应加大浇水量,拱棚西瓜应分阶段浇水。

(1) 定植阶段　幼苗移栽 7 天后,应及时浇缓苗水,以促进缓苗。

(2) 伸蔓阶段　伸蔓期植株需水量增加,当西瓜"甩龙头"即出现主蔓和辅蔓后,采取膜下暗灌的方法补充水分,水量不宜

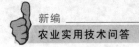
过大。

(3) 膨瓜阶段 膨瓜阶段一般浇水 3 次，如第一次定瓜水在西瓜授粉后 10 天左右浇。之后避开西瓜鹅蛋大小时的易裂瓜期，待西瓜碗口大小时再浇一次膨瓜水。在西瓜转色前再浇一次收瓜水，这次浇水要足，因为这一水浇后直至收瓜前不再浇水。这 3 次浇水量要足，并随水冲施高钾肥，以促进膨瓜。

51. 西瓜怎样进行整枝？

西瓜伸蔓后要及时搬根，将西瓜秧向同一方向按倒（向东或向西），在根背侧培土拍实，使瓜秧向同一方向伸展。由于分枝对加强根系的发生和发展及促进开花数目及光合作用都有一定好处，因此采取三蔓整枝的方法进行整枝。即留住主蔓和基部健壮的两个侧蔓，将其余侧蔓全部去掉。3 条蔓上都留有一个瓜。瓜后留 7～8 片叶，打去顶尖。当瓜有鸡蛋大小确保能坐住瓜时，从 3 个当中选一个生长良好，瓜形正的瓜，其余两个摘掉。整枝应结合大通风时进行。当侧蔓 10～15 厘米时及时打杈，一般在下午进行。打杈时结合去掉卷须。

52. 小拱棚西瓜怎样进行通风管理？

定植后当天马上闭棚保温，一般定植后 3 天内不通风，但温度太高时也要通风。以后天气变暖，棚温升高，逐渐通风，保持棚内温度最高不超过 35℃，若温度过高会影响花芽分化，每日当棚温达到 30～35℃时，便可及时通风降温。通风方法是：开始时把拱棚一头揭开，由于棚比较长，南侧的通风口也应打开几个。天暖后棚两头都揭开，棚北面的通风口也要打开。每日通风应掌握由小到大的原则，否则易闪苗。随天气转暖加大通风量，放大和增加通风口，延长通风时间。但不要在天冷时从迎风侧开口放风，以防冷风吹入伤苗。前期一般采取一日内晚放风、早停止，后期早放风、晚停止。当平均气温达到 18℃ 以上时，可昼夜揭开通风。

53. 西瓜苗期管理有何技术要点？

西瓜播种后到出苗，白天适宜温度 30～35℃，夜间适宜温度 18～20℃，白天不超过 35℃ 时不通风，经过 7～8 天后幼芽出土。到第二片子叶展开、第一片真叶顶心时，可在中午通风，白天保持室温 20～25℃，夜间 14～16℃，经 5～6 天后，第一片真叶展开到定植前 7～10 天，要提高温度到 25～30℃，以促苗迅速生长。出现 4～5 片真叶时，就须降温炼苗，把温度降低到 15～20℃，在定植前还可进行 2～3 天 4～8℃ 的低温锻炼。苗床早揭晚盖，增加光照时间；苗出土后达到所需最高温度时，应于背风处支缝放风降温，降到所需温度低点时，及时盖严保温；一般不浇水，如床土落干、叶片浓绿显旱时，可适当喷水造墒。定植前 5～7 天选择晴暖天气结合浇水喷施一遍叶面肥，一般用 0.2％～0.3％ 尿素或 0.2％～0.3％ 磷酸二氢钾进行叶面喷施。

54. 大棚西瓜怎样进行水肥管理？

大棚西瓜前期浇水不宜过大。一般在缓苗后，如地不干，可以不浇水；若过干时，可顺沟灌一次透水。此后保持地面见湿见干，节制灌水，提高地温，使瓜秧健壮。

在伸蔓期，插支架前，可灌 2 次水。水量适中即可。开花坐果期不浇水，以防止徒长和促进坐瓜，幼瓜长到鸡蛋大小后，进入膨瓜期，可 3～4 天浇一次水，促进幼瓜膨大。

大棚西瓜在支架栽培情况下，可在支架前，大棚内小拱棚撤除后，在瓜垄两侧开浅沟施用氮磷复合肥 20 千克/亩，硫酸钾 5～10 千克/亩，以促进伸根发棵，并为开花坐果打下基础。

幼瓜坐住后，长至鸡蛋大小时，再每亩施（结合灌水冲施）复合肥 20 千克，促进长瓜。

果实定个后，可用 0.3%磷酸二氢钾叶面追肥 1～2 次。在采收二茬瓜情况下，可在二茬瓜坐住、头茬瓜采收后再追施三元复合肥 15 千克/亩。

55. 保护地秋冬茬甘蓝选用什么品种好?

秋冬茬应该选择冬性强不易未熟抽薹、耐寒性好、品质优的品种。适合秋冬茬栽培的甘蓝品种主要有精选 8398、中甘 11、庆丰、中甘 21 等。

56. 秋冬茬甘蓝什么时候播种最好?

秋冬茬甘蓝于 9 月初在冷棚播种育苗，二叶一心分苗，10 月中旬定植（苗龄 50 天左右）。1 月底到 2 月初采收上市。采收上市期正处于春节前后，价格高，效益好。

57. 怎样防止甘蓝未熟抽薹现象的发生?

甘蓝未熟抽薹主要发生在春季，为了争取春甘蓝的早熟、丰产，而又防止未熟抽薹，主要采取以下措施：

(1) 选择冬性强的品种 精选 8398、中甘 11、中甘 21 等冬性强、不易发生未熟抽薹的品种。

(2) 春季适当晚播 幼苗达不到通过春化的大小，即使遇到低温也不会发生未熟抽薹。

(3) 加强定植后的管理 定植后注意蹲苗，防止植株生长过旺延迟抱球而发生抽薹。

58. 怎样防止甘蓝裂球的发生?

早春保护地甘蓝易发生叶球开裂，不仅影响甘蓝的外观品质和商品性，还易感染病害，影响储藏和运输。据试验，甘蓝裂球不但与品种有关，而且与水分过多有关，但与肥料基本无关。若水分不足，甘蓝结球小；若水分过多，易造成叶球开裂。因此，在栽培管理上应加强如下措施：

①选用耐裂球的品种，如精选 8398、中甘 21 等。

②科学浇水，据土壤和苗情按要求灌水，苗期需水较少，结球期需水较多，土壤相对含水量应保持在 75％～85％。

③适时收获，甘蓝收获过晚易裂球，因此，即使在市场价格不好的情况下，也应适时收获。

59. 适宜保护地栽培的生菜和苦苣品种有哪些？

适宜保护地栽培的生菜品种有绿菊、绿梦和美国大速生；苦苣品种有菊花苦苣和碎叶苦苣。这几个品种品质好、价格高，而且定植后 45～50 天即可采收上市。

60. 辣椒果一直不长，有的畸形没有籽，有的形成大头果，最后形成僵果，这是什么原因造成的？如何防治？

这是典型的低温障碍。在生产中遭遇持续阴天、多雾、温度偏低，导致辣椒授粉不良，没有种子而形成空洞果、畸形果或僵果。

防治方法：摘除空洞果和长势不良的辣椒果实，加强田间管理，促进重新坐果。注意调控好棚内温湿度，白天保持 25～28℃，夜间 15℃左右，同时喷施含有氨基酸和硼、锌的叶面肥，促使生长。

61. 因阴雨天气过多，导致辣椒落花落果严重，用什么方法解决这个问题？

阴雨天辣椒落花落果是低温弱光造成的，重点应放在增光保温

上，除早揭晚盖延长光照时间外，还应勤擦棚膜上的尘土，要尽量避免大棚下半夜温度过低。另外，可用萘乙酸 6 000 倍液混合芸薹素内酯 1 000 倍液喷花和幼果，促进植株生长。

62. 辣椒落花落果严重，用防落素抹果柄后顶端嫩叶皱缩细长不长，这是什么原因？需要采取什么措施？

这是典型的激素中毒。辣椒对防落素、2，4 - D 等激素药物比较敏感，在辣椒生产中应该禁止使用。落花落果主要是遇到阴天，光照不足，导致授粉不良造成的。对于已经出现激素中毒的辣椒，可用 0.1% 芸薹素内酯 15 毫升，兑水 15 千克，连喷 2～3 次。如果坐不住果，可用 1.4% 爱多收 5 000 倍液喷洒即可。

63. 辣椒下部已经结果，上部只开花不坐果，这是什么原因造成的？怎样防治？

这是生理性病害。造成这种现象的主要原因有：一是辣椒下部坐果较多，导致上部开的花营养供应不足；二是低温障碍，棚温、地温较低，影响养分制造和供应，造成落花落果。

防治策略：①注意调控好棚温，白天保持在 25～30℃，夜间 15℃左右，有利于开花坐果。②叶面喷施 1.4% 爱多收 5 000 倍液，隔 5 天左右喷 1 次，连喷 2～3 天即可。

64. 温室辣椒苗定植后，顶部的叶片突然变成了白褐色，带光亮，看似药害，长势缓慢，这是什么病？怎样造成的？如何防治？

这是因为刚移栽的辣椒苗放风闪了苗，不是药害，也不是病害。

防治方法：一是辣椒定植并缓苗后，不可放风过大，应尽量保持棚温稳定，白天保持 25～30℃，夜晚 15℃左右；二是用含氨基酸、硼、镁、锌的叶面肥进行叶面喷施，每 7 天 1 次，连喷 2～3 次，促进秧苗恢复正常生长。

65. 大棚辣椒结过一批椒后，植株转入旺长而不结椒，是什么原因造成的？

植株旺长不结椒，温度偏高可能是原因之一，其他条件如密度大，氮肥多，水多也常是诱因。辣椒不耐高温，棚室温度偏高时容易造成落花落果，棚温太低也会有影响，所以应注意棚中温度白天 25～28℃，不能高于 32℃，夜间 15～18℃为好，同时应加强水肥管理，注意平衡施肥及科学合理灌水，改善通风透光条件。

66. 辣椒正在盛果期，果实出现灰白色的病斑，水渍状，发软而不腐烂，这是什么病？怎样防治？

这是辣椒脐腐病。主要是气温偏高，水分供应不及时，导致缺钙影响水分的吸收而造成的。

防治方法：一是适时浇水，防止干旱，做到土壤见湿不见干；二是叶面喷施含有钙的叶面肥，隔 5～7 天喷 1 次，连喷 2～3 次即可。

67. 辣椒发生脐腐病后多次喷施钙肥，为什么不见效？

辣椒脐腐病形成的原因是生理性缺钙，一旦得病喷施钙肥往往于事无补。脐腐病产生的诱因是由于阶段性干旱或根系不好，吸收能力下降是关键因素，应抓紧浇水一次。有条件的结合浇水可冲施少量钙肥，即使不冲钙肥，通过浇水也能迅速缓解症状。

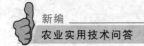

68. 辣椒幼果刚开始谢花到花生米粒大时发生脱落，是什么原因？

这是辣椒的生理性落果。主要原因有以下几点：一是植株太旺，养分大量供应茎叶，果实得不到充足的营养而落果；二是田间郁闭，通风透光不良引起落果；三是低温弱光或高温引起落果；四是沤根或干旱引起落果；五是中下部留果太多，引起上部幼果营养不良而落果。

69. 辣椒有的是三杈分枝，有的是二杈分枝，哪一种好？有办法控制分杈数吗？

辣椒植株三杈分枝好还是 2 杈分枝好，要看栽培要求。三杈分枝的植株发展成圆头状的株形，适于应用于植株较矮的品种，如果植株高大，则中后期易造成群体光照恶化，中下部叶片受光差，进而影响到产量和质量。二杈分枝的较适用于植株高大的品种，因二杈分枝容易整成平面的株形，相对光照好，植株高大时，显然光照要比圆头状的分杈好得多。

控制分杈的多少应以人工株芽去杈为主。作为栽培措施适度的在育苗期 3 片真叶时，适当降低夜温，增大昼夜温差，会明显使三杈枝苗增加。

70. 萘乙酸钠能治辣椒不坐果吗，怎么施用？

辣椒如果生长基本正常，坐果不良时，可以用约折合纯品 20 万倍的萘乙酸钠药液喷整个植株。如果生长特别旺盛，引发长时间不坐果，则应把浓度提高到 30 毫克/千克，约合纯品 3 万倍液使用。喷过药的植株叶片会下垂，花蕾也会脱落，但抑制旺长后会很快转为开花坐果。

71. 大棚辣椒落花落果的防治措施有哪些？

大棚辣椒落花落果是发生极为普遍的现象，落花落果的原因很多，但综合起来，主要是由营养不良、不利的气候条件和病虫危害等因素而造成。

（1）营养不良　由于栽培管理不当，如栽培密度过大或氮肥施用过多，而造成植株徒长，营养生长和生殖生长失去平衡，使辣椒花、果营养不足而脱落。大棚栽培中，辣椒较易徒长，因此落花落果是常见的现象。

（2）不利的气候条件　冬春季大棚中经常遇到光照不足、温度偏低（低于15℃）的天气，影响辣椒授粉，即使授粉，果实也发育不良，易脱落，这在雨雪天气时表现更突出。春末夏初及秋初，大棚内经常出现35℃以上的高温，造成辣椒花器发育不全或柱头干枯，不能授粉而落花。大棚内通风不良，湿度过大时，辣椒花不能正常散粉，使授粉受精难以完成而造成落花落果。辣椒怕涝，田间积水数小时就可使其根系窒息，叶片黄化脱落，植株落花落果，重者整株死亡。

（3）病虫危害　辣椒发病后，如发生病毒病、炭疽病、叶枯病后，也易引起落花落果。如辣椒感染病毒后，常出现死顶现象，造成落花落果；烟青虫、棉铃虫蛀果，也易造成辣椒落果。

防治辣椒落花落果应从加强栽培管理入手，主要是培育壮苗，适时定植，合理密植，科学施肥。定植后加强通风排湿，棚内白天温度保持在25～28℃，夜间15～18℃，开花期最低温度为15℃。棚内提倡膜下灌水，勿大水漫灌。通过科学的栽培管理，提高植株的抗逆能力，注意病虫害防治，除上述措施外，可用40～50毫克/升番茄灵、50毫克/升萘乙酸喷花或浸花，或用20～30毫克/升2，4-D涂抹花柄。

二、食用菌生产技术问答

1. 食用菌母种培养基的常用配方有哪些?

(1) 马铃薯葡萄糖琼脂培养基（简称 PDA 培养基） 马铃薯 200 克，葡萄糖 20 克，琼脂 20 克，水 1 000 毫升。

(2) 麦芽糖酵母琼脂培养基（简称 MYA 培养基） 麦芽糖 20 克，酵母 2 克，琼脂 20 克，大豆蛋白胨 1 克，水 1 000 毫升。

(3) 马铃薯葡萄糖酵母琼脂培养基（简称 PDYA 培养基） 马铃薯 300 克，葡萄糖 10 克，琼脂 20 克，酵母 2 克，大豆蛋白胨 1 克，水 1 000～1 500 毫升。

2. 扩繁食用菌原种，制作谷粒培养基的配方有哪些?

用小麦、大麦、稻谷、玉米、高粱等作原料，制作的培养基统称谷粒培养基。其配方可选用下列几种：

①小麦粒 88%，米糠 10%，石膏粉 1.5%，石灰粉 0.5%；40%胶悬剂多菌灵 0.1%（用于浸泡麦粒）。

②稻谷 50%，棉籽壳 40%，麸皮 8%，石膏 2%；石灰粉 0.5%（用于浸泡稻谷）。

③玉米粒 100%；40%胶悬剂多菌灵 0.2%（用于浸泡玉米粒）。

3. 没有琼脂时如何制作食用菌母种？

（1）培养基配方及制作

配方 A：马铃薯 200 克，高粱 50 克，蔗糖 20 克。适用于平菇类食用菌。

配方 B：麦麸 200 克，木屑 50 克，豆饼 10 克。

配制方法：将主料加水 1 000 毫升，加热煮沸 15～20 分钟，用四层纱布过滤取汁，然后加入味精 0.5 克、维生素 2 片、磷酸二氢钾 2 克，拌匀煮沸溶解，得培养液 1 000 毫升，分装于 500 毫升的广口瓶内，每瓶装 100 毫升，用聚丙烯薄膜封盖瓶口，用手提式高压灭菌锅或家用压力锅灭菌 1 小时，放气后维持 35～40 分钟即可。

（2）接种与培养

①接种。将培养基瓶置于接种箱或接种室内，常规灭菌。当瓶温冷却至 30℃ 以下时，按无菌操作接入菌种，每瓶接入 1～2 厘米² 斜面菌种。接种时不要铲太厚的琼脂母种块，且气生菌丝朝上，凡沉入液底的菌种都应淘汰。

②培养。将接种瓶移入培养室或箱中，于 25℃ 左右温度下培养，3 天后检查，淘汰下沉的菌种，此时大多数菌丝已萌发，形状如洁白的鹅毛。6～7 天菌丝长满液面，再培养 3～5 天，液面形成 0.8 厘米厚的菌苔，即为液面菌苔菌种。

4. 怎样用液面菌苔菌种扩繁原种或栽培种？

当液面菌苔菌种长满后 3～5 天，摇动种瓶液体，菌苔不散，表明菌苔菌种已经成熟，可以进行分割接种原种和栽培种。原种的固体培养基可采用棉籽壳、木屑、粪草、谷粒等作基质，配制方法同常规。接种方法按无菌操作进行，先用无菌剪刀将液面菌苔剪碎成 0.5 厘米×1～2 厘米的条状或块状，再用无菌镊子夹入原种或

栽培种培养基中心。每瓶液面菌种可接 35～50 瓶原种或栽培种。培养方法同常规。

5. 怎样提高平菇的产量和质量？

为了提高平菇的产量和质量，除了利用优良的菌种、培养料、正确的管理外，还可采取如下措施：

（1）搔菌 待平菇菌丝长满培养料后，把培养料表面用铁丝刷全面地或方格状、条状梳耙一下，特别是在采收 2～3 茬后，采用此法，可除去老菌丝。梳耙后再压实，保温保湿，可促使出菇整齐、迅速、一致。

（2）加压 在菌床表面放若干小鹅卵石，对菌丝加重力刺激，石块周围可迅速出菇。

（3）曝光 在原基形成期，及时给予散射日光或灯光刺激，可促使子实体迅速形成。

（4）追肥 在子实体形成期，或采收一茬后，可喷 1％维生素 C 水溶液、0.1％磷酸铵水溶液、0.5％葡萄糖水溶液、0.01％维生素 B_1 水溶液、上述溶液可单喷，也可混合喷，均有增产作用。

在培养料中加入 2％硫酸铵，或 0.4％酒石酸液，或 1％消石灰，均可提高产量，促进早出菇。

6. 菌种生产中怎么做才能预防杂菌污染？

（1）把好原料关 必须选用新鲜无霉变的原料。

（2）用具工具的清洗 各种用具及生产工具都应保持清洁，尤其是玻璃器皿使用后要清洗干净。

（3）进行消毒灭菌 消毒灭菌操作要按规程进行。

（4）防止杂菌侵入 采取措施防止灭菌过程棉花塞受潮湿和菌袋搬运过程防止损伤破裂，防止杂菌侵入。

（5）**防止人为污染** 接入菌种的操作过程，应按无菌操作规程进行，尽可能防止空气带菌污染和操作人员带菌污染。

（6）**控制适宜的培养温度和湿度环境** 严防因堆积引起高温闷料和培养室内湿度过高，创造有利于菌种生长和不利于各种杂菌繁殖的环境条件。

（7）**使用适当的杀菌剂进行拌料处理** 尤其是生料栽培或发酵料栽培时特别重要。

（8）**及时检查和妥善处理受污染的菌种瓶或菌种袋** 早期发现后及时回锅灭菌可再接种利用，后期发现受污染严重的则集中深埋，防止病菌孢子扩散。

（9）**其他** 菌种分离提纯时，用乳酸将培养料调成酸性或加入少量链霉素可抑制细菌污染而不影响菌丝生长，及时挑取菌种也十分重要。

7. 菌种生产及菌袋培养阶段容易感染的杂菌有哪些？

（1）**细菌污染** 在菌种分离、提纯及转扩过程中常因细菌污染而失败报废，菌袋培养过程中培养料遭细菌污染和大量繁殖后，可导致培养料变质、菌丝生长受抑制或不能生长，并散发出臭味。引起污染的细菌主要有芽孢杆菌属和荧光假单胞杆菌属中的多种细菌。

（2）**放线菌污染** 其菌落形态有点像真菌，局限生长，没有明显的菌丝，多呈粉状菌落，白色或灰白色。

（3）**绿霉菌污染** 绿霉菌是半知菌亚门中的一类真菌，它是木霉菌属中的许多种木霉菌的总称。这类真菌大量形成分生孢子后，其菌落多呈绿色或墨绿色，菇农称之为绿霉菌。常见的绿霉菌包括哈茨木霉、绿色木霉、康氏木霉、拟康氏木霉、多孢木霉及长梗木霉等。

（4）**青霉菌污染** 由半知菌亚门中的青霉属真菌引起的污染。

（5）**毛霉菌污染** 毛霉菌是接合菌亚门中的一类真菌，又称为

长毛菌。常见的种为大毛霉、总状毛霉及次囊毛霉等。

(6) 根霉菌污染 根霉菌是接合菌亚门中的一类真菌,又称为黑根霉菌。常见的种为黑根霉、米根霉等。

(7) 曲霉菌污染 曲霉菌的种类较多,常见的有黄曲霉、黑曲霉及杂色曲霉等。

(8) 链孢霉菌污染 链孢霉菌又称为红粉霉,学名角好嗜脉孢霉。

(9) 黑霉菌污染 黑霉菌学名链格孢霉,属半知菌亚门。

(10) 酵母菌污染。

8. 金针菇生料栽培的病虫害如何防治?

(1) 常见的杂菌病害

①细菌性根腐病。病原菌为肠杆菌。侵染初期,在培养基表面,菇丛中浸出白色混浊的液滴,使菇柄很快腐烂,褐变成麦芽糖色,最后呈黑褐色,发黏变臭。防治的主要方法是禁止将水喷到菇体上。一旦发病,立即采收,对菌床喷施1‰多菌灵处理。

②霉菌污染。冬季生料栽培,金针菇危害最严重的为木霉和青霉。菌床发生霉菌污染后,尽快挖除带菌的培养基。加强菇床通风,出菇期间禁止把水喷到菇体上。

(2) 常见害虫有菇蚊、菇蝇和螨类 这些害虫多发生在生产后期,防治方法是生产后期在菇房内预防性地喷施一些杀虫剂、杀螨剂。

(3) 病虫综合防治措施

①低温栽培。金针菇是低温结实类菌类,低温栽培是防治病虫害最重要的手段。

②低湿养菌。拌料时掌握好料水比,菌丝生长期间培养室空气湿度要适合,出菇期间不要将水喷到菇床上,这些低湿培菌措施可使菌丝生长旺盛,菇体生长健壮,而杂菌得到控制。

③添加营养物质。添加麦麸、玉米粉、米糠等营养物质，低温栽培，菌丝占床快。但如果环境温度超过15℃就不要添加上述营养物质。

④加强通风管理，同时使用优质、新鲜的菌种也是重要措施。

三、病虫草害防治
技术问答

（一）水稻病虫草害防治技术问答

1. 水稻播后苗前除草，怎样进行土壤处理？

对于直播田，在水稻催芽播种 1～4 天后，每亩用 40％丙·苄可湿性粉剂 40～60 克，或 30％丙草胺乳油 100～120 毫升，兑水 40 千克均匀喷雾。

对于旱育秧田，播种、盖土后，每亩用 60％丁草胺乳油 75～100 毫升，兑水 50 千克均匀喷雾，喷药时应保持土壤湿润以确保防效。

2. 水稻苗后怎样施用除草剂？

用药原则是依据杂草类型和秧苗状况，采用不同的除草剂进行处置。

（1）以阔叶杂草、莎草为主的秧田　每亩用 10％吡嘧磺隆可湿性粉剂 10～15 克，兑水 40 千克喷雾，施药时秧田需保持浅水层，并保水 5～7 天。或在杂草长至 3～4 期，每亩用 48％苯达松洗涤剂 100 毫升，兑水 40 千克喷雾。

（2）以稗草、阔叶草、莎草混生或以稗草为主的水秧田　在秧苗三叶期，可用 35％灵秀可湿性粉剂 50 克，兑水 45 千克喷雾，施药时排干田水，药后一天复水，并保水 5～7 天。

（3）**以稗草、阔叶草、莎草科杂草为主的直播田**　于直播水稻二叶一心期后，稗草 2～5 叶期，每亩用 30%秧田一次净可湿性粉剂 40 克，兑水 50 千克均匀喷雾，施药前排干田水，药后 1～2 天灌水入田，并保持 3～5 厘米水层 5～7 天。

3. 水稻本田杂草化学防治技术有哪些？

（1）**以稗草、慈姑、牛毛毡为主的移栽田**　可在杂草发生初期进行化学防治，每亩用 60%丁草胺乳油 150 毫升加 10%苯嘧磺隆可湿性粉剂 15 克，于移栽后 7～10 天用药土法施药，保水 5～7 天。

（2）**以稗草、节节草、四叶萍、鸭舌草为主的移栽田**　每亩用 10%吡嘧磺隆可湿性粉剂 10 克，于移栽后 7～10 天用药肥法施药，保水 7 天。

（3）**以稗草、莎萍、慈姑、牛毛毡为主的移栽田**　每亩用 50%二氯喹啉酸可湿性粉剂 25 克加 48%苯达松水剂 100 毫升，在稗草 2～3 叶期，茎叶喷雾处理。施药前要排净田水，48 小时后再放水回田，并保水 3～5 天。

4. 稻田水绵对水稻生长影响严重，可以采取哪些措施科学防治？

水绵发生初期，每亩用 10%环丙嘧磺隆可湿性粉剂 20～25 克，拌 20～25 千克细土或细沙撒施，也可兑水 30～40 千克均匀喷雾，施药时要求有水层 3～5 厘米，施药后保水 5～7 天；或每亩用 96%硫酸铜晶体 250 克，用纱布袋装好，放于进水口，使药物随水流入田间。

水稻移栽后 4～10 天，每亩用 15%乙氧嘧磺隆分散性粒剂 7～12 克，拌细土 25 千克，均匀撒施到有 3～5 厘米水层的稻田，药

后保水 7～10 天；也可在移栽后 10～20 天排干田水，用上述药量兑水 30～40 千克喷雾，药后灌水至 3～5 厘米深，保水 7～10 天。

5. 什么是稻瘟病？

水稻稻瘟病又名稻热病，俗称火烧瘟，稻瘟病是水稻四大重要病害之一，危害水稻各部分，在水稻整个生育期都发生。

由于气候条件和品种抗病性不同，病斑分为 4 种类型。

①慢性型病斑。开始在叶上产生暗绿色小斑，渐扩大为梭形斑，常有延伸的褐色坏死线。病斑中央灰白色，边缘褐色，外有淡黄色晕圈，叶背有灰色霉层，病斑较多时连片形成不规则大斑，这种病斑发展较慢。

②急性型病斑。在感病品种上形成暗绿色近圆形或椭圆形病斑，叶片两面都产生褐色霉层，条件不适应发病时转变为慢性型病斑。

③白点型病斑。感病的嫩叶发病后，产生白色近圆形小斑，不产生孢子，气候条件利其扩展时，可转为急性型病斑。

④褐点型病斑。多在高抗品种或老叶上，产生针尖大小的褐点且只生于叶脉间，较少产孢，该病在叶舌、叶耳、叶枕等部位也可发病。

6. 稻瘟病各阶段症状有哪些？

(1) 苗瘟 发生在 3 叶期以前。在幼苗基部出现水渍斑点，病部变灰色，病部以上呈黄褐色卷缩，重病株将枯死。

(2) 叶瘟 病斑有慢性、急性、白点和褐点 4 种类型。慢性型发病部位为叶片，病斑梭形，中央灰白色，边缘褐色，外围有黄色晕圈，两端有向外延伸的褐色坏死线。霉层出现于病斑背面。病斑多时导致叶片干枯。急性型病斑暗绿色，圆形或不规则形，病斑正反面均密生霉层。温湿度适宜时易流行，天气转晴干燥时可转变为慢性型。白点型病斑为近圆形白色小点，不产生分生孢子，遇适宜条件可迅速转变为急性型。褐点型病斑呈黄褐色小点，多局限于叶脉间，不产生分生孢子，多发生在抗病品种或下部老叶。

(3) 节瘟 多发生在穗颈以下 1～2 节上，先变褐色小点，后环绕节部扩展，整个节部凹陷，易折断。

(4) 穗颈瘟 发生在穗颈、穗轴和枝梗上。病斑灰褐色，逐渐向上、下扩展，严重时形成白穗。

(5) 谷粒瘟 发生于谷粒或护颖上，发病早的病斑为褐色或黑褐色，椭圆形，中央灰白色，谷粒形成灰白色的秕谷；发病晚的病斑为褐色，椭圆形或不规则形，严重时，谷粒不实，籽粒变黑，护颖发病变为淡灰或黑色。

7. 稻瘟病的发生规律有哪些?

病菌在病谷、病稻草上越冬。播种病谷可引起苗瘟。在北方6～7月降雨后，病稻草上可产生大量分生孢子，随气流传播至稻田，引起叶瘟。病叶上的病菌可进行再侵染，相继引起其他器官发病，甚至造成稻瘟病流行。水稻生长期间阴雨多雾，长期深灌，利于稻瘟病的发生。偏施、迟施氮肥以及稻田郁闭、光照不足，能使水稻组织柔弱，稻株抗病力降低。

8. 稻瘟病应怎样防治?

(1) 农业防治 首先选用抗病品种，并做到合理布局。育秧前彻底处理病稻草、病谷壳，禁止把旧稻草带进田内。加强水肥管理，施足基肥，早施追肥，不偏施、迟施氮肥，适当施用硅酸肥料，增施磷、钾肥。以水调肥，促控结合；苗期浅灌，分蘖期炼苗晒田，后期保持干湿交替，促进水稻健壮生长，提高抗病力。

(2) 药剂防治 可用 2% 福尔马林浸种，即先将种子用清水浸泡 1～2 天，取出稍晾干，随后放入药液中浸种 3 小时，再捞出用

清水冲洗后催芽播种,可预防水稻多种病害。防治叶瘟要在发病初期用药,防治穗瘟可在抽穗前和齐穗期各喷一次药。每亩可用40％富士一号乳油 55～70 毫升,或 40％异稻瘟净乳油 150 毫升,或 20％三环唑可湿性粉剂 100 克。

9. 水稻纹枯病有哪些症状?

水稻纹枯病又称为水稻云纹病,水稻苗期至穗期均可发病,抽穗前后危害最重,主要危害叶片和叶鞘。叶鞘发病,先在近水面处产生暗绿色水渍状小斑,逐渐扩展成边缘褐色、中央灰白色的椭圆形大斑,病斑常呈云纹状。受害严重时叶鞘干枯,上面的叶片随之枯黄,剑叶叶鞘受害重时,稻株不能正常抽穗。病菌由叶鞘可继续侵染茎部,病茎易贴地倒伏。叶片发病与叶鞘病斑相似,稻穗发病后病穗呈墨绿色水渍状,后期变为灰褐色,造成结实不良,甚至全穗枯死。

10. 水稻纹枯病的发病规律是什么?

稻田郁闭、高温高湿利于发病。当气温在 25～30℃,湿度达到饱和时最易发生水稻纹枯病。北方稻区 7～8 月是发病高峰。水稻连作,田间残留菌核量大,发病重。

11. 如何防治水稻纹枯病?

(1)选用抗病品种

(2)加强水肥管理 增施有机肥和磷、钾肥,采用配方施肥技术,使水稻前期不披叶,中期不徒长,后期不贪青。

(3)药剂防治 防治适期为分蘖末期至抽穗期。分蘖末期丛发病率达 5％～10％,孕穗期丛发病率达 10％～15％时,要进行防治。每亩可用 5％井冈霉素水剂 100 毫升,或 75％纹枯灵悬浮剂 50 毫升,或 40%菌核净可湿性粉剂 200 克，兑水 50 千克喷雾防治。

12. 水稻胡麻斑病危害症状是什么？

水稻苗期至成株期均可发生水稻胡麻斑病，以叶片受害最为普遍。秧苗受害，叶片和叶鞘上出现椭圆形或近圆形褐色病斑，秧苗易干枯死亡。成株期叶片受害，病斑初为褐色小点，扩大后成为芝麻粒大小的褐色斑，病斑上隐见轮纹，周围有黄色晕圈，老病斑的中央呈黄褐色或灰白色。严重时叶片上病斑密布，终至叶片早枯。谷粒受害，发病早者整个谷粒呈灰黑色，发病晚者病斑较小，形状、色泽与叶部病斑相似。潮湿时，病部均可产生黑色霉层。

13. 水稻胡麻斑病有什么发病规律？

水稻胡麻斑病病菌在病谷、病稻草上越冬。翌年播种病谷后，种子上的病菌可直接侵染幼苗。病稻草上越冬病菌产生的分生孢子可随气流传播，进行初侵染。病部产生的分生孢子可进行再侵染，使病害扩展蔓延。沙质土、酸性土易发病。土壤瘠薄的地块，特别是土壤缺钾时最易发病。田间缺水或长期积水等都是诱发因子。

14. 水稻胡麻斑病的防治方法有哪些？

药剂防治方法与稻瘟病相同。另需改良土壤，沙质土壤应增施有机肥；酸性土壤要施用适量石灰，以促进有机物质正常分解，改变土壤酸度。

15. 什么是稻曲病？

稻曲病又称黑穗病，只发生在穗部，危害部分谷粒。发病初期在颖壳内形成菌丝块，随着菌丝块的增大，从内、外颖壳合缝处逐

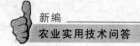

渐露出黄绿色块状孢子座，后转变成墨绿色。孢子座近球形，包裹颖壳，体积可达健粒数倍。最后孢子座表面龟裂，散布墨绿色粉末状物，带黏性，不易随风飞散。

16. 如何防治水稻稻曲病？

（1）种子消毒　用0.75％硫酸钾液浸种24小时，或用50％多菌灵1 000倍液浸种48～72小时。

（2）药剂防治　在抽穗扬花期遇雨日多、湿度大的天气，应在孕穗末期至破口期前及时喷药防治。一般每亩用50％多菌灵可湿性粉剂100克，或14％络氨铜水剂250克，兑水50千克喷雾。发病重的，则在始穗期开始喷药，间隔7～10天再喷一次。喷药要均匀，不留死角。

17. 什么是水稻白叶枯病？

水稻白叶枯病又称白叶瘟、地火烧。主要是危害水稻上面叶片。病斑从叶尖开始，沿叶脉或叶缘向下延伸。初期病斑暗绿色，渐变黄色，再变黄褐色，最后呈枯白色。严重时，全田叶片枯白，所以被称为白叶枯病。

18. 水稻白叶枯病的发病规律是什么？

带菌种子、带病稻草和残留田间的病株是主要初侵染源。细菌由叶片气孔、伤口侵入，形成中心病株，病株上产生的脓状物借风雨、露水、灌溉水、昆虫、人为等因素传播。低洼积水、洪涝以及漫灌可引起连片发病。高温高湿、多露、台风、暴雨利于病害流行。稻区长期积水、氮肥过多、生长过时、土壤酸性都有利于病害发生。

19. 水稻白叶枯病有什么防治方法?

(1) 严格实行检疫 保证病区带菌种子不调出,无病地区不引进病种子,以控制病害的传播和蔓延。

(2) 选用抗病品种

(3) 加强水肥管理 秧田不施未腐熟的厩肥,大田要施足基肥,及早追肥,巧施穗肥,不偏施氮肥,氮、磷、钾及微肥平衡施用。严防大水淹没秧苗,避免串灌、漫灌、深灌,杜绝病田水流入无病田,对易涝淹的稻田及时做好排水工作。

(4) 药剂防治 老病区秧田期喷药是关键,一般三叶期及拔秧前各施药一次。大田出现零星病株时进行。每亩用 20% 叶青双可湿性粉剂 125 克或 25% 叶枯灵可湿性粉剂 300 克,72% 农用链霉素粉剂 20 克等兑水 75 千克喷雾,一般 5~7 天施药 1 次,连续 2~3 次。

20. 什么是水稻条纹叶枯病?

水稻条纹叶枯病也称假枯心,是一种病毒性病害,是由灰飞虱传毒感染发病。苗期发病,心叶基部出现黄白斑,后扩展形成与叶脉平行的黄色条纹,条纹间仍保持绿色。病苗心叶细弱卷曲,呈捻纸状;分蘖期发病,一般在心叶下一叶基部出现褪绿黄斑,后扩展形成不规则黄白色条斑;拔节后发病,仅在上部叶片或心叶基部出现褪绿黄白斑,后扩展成不规则条斑。受害早的多不抽穗;分蘖期发病的多为枯孕穗或穗小而畸形;拔节期发病的一般可结实,但穗小粒少。

21. 水稻条纹叶枯病的传播途径有哪些?

水稻条纹叶枯病主要随带毒灰飞虱在小麦、杂草上越冬。春季

带毒的越冬灰飞虱在麦田或休闲田杂草上繁殖危害，在小麦生长后期便大量转移到水稻秧田或早栽一季稻本田，在水稻上繁殖危害数代后，于9月下旬天气凉爽时转移至麦田及周边杂草上越冬。

22. 怎样防治水稻条纹叶枯病？

水稻条纹叶枯病需进行系统防治，主要措施有以下几个方面。

（1）农业防治

①选用抗病品种。

②适时播种。根据当地灰飞虱发生规律调整播种期，使水稻易感期错过灰飞虱迁飞高峰期。

③翻耕灭茬，铲除杂草。小麦或油菜收获后，及早翻耕灭茬；育秧前，彻底清除田边、沟边杂草，以减少传毒虫源。

④加强栽培管理。秧苗期防止徒长，培育壮秧；大田期做到促控结合，避免偏施氮肥，增施磷、钾肥，提高抗病力。

（2）药剂防治

①药剂浸种是控制早期条纹叶枯病的重要措施之一。可用10%吡虫啉可湿性粉剂500～1 000倍液，或5%锐劲特悬浮剂800～1 000倍液浸种48小时，随后进行催芽播种。

②喷雾防治。早稻、晚稻秧田分别平均有成虫18头/米^2、5头/米^2，本田平均每平方米有成虫1头时进行防治。可用毒死蜱、吡虫啉、锐劲特等进行喷药防治。喷药时要连同田埂杂草和邻边同时喷药，组成保护带。药剂品种需交替使用，以免产生抗药性。

23. 水稻干尖线虫病有什么样的症状？

秧苗受害一般不表现症状，仅少数植株在4～5叶时表现症状。受害秧苗上部叶片的尖端2～4厘米处，逐渐卷缩形成白色或灰色的干尖，干尖扭曲，病健部界限明显。孕穗期发病，表现为剑叶或上部二三片叶的尖端1～8厘米处逐渐枯死，呈黄褐色或灰白色略透明，扭曲而成干尖，与健部有明显褐色界线。潮湿时扭曲部位展开，呈半透明水渍状。发病重时，旗叶全部卷曲枯死，抽穗困难。

24. 水稻干尖线虫病怎样防治？

第一，加强植物检疫，严禁从病区调运种子。

第二，选用抗病品种，以减轻水稻干尖线虫病危害。

第三，种子处理，主要方法有以下两种：

①温汤浸种。先把稻种在冷水中浸 24 小时，然后放入 45～47℃水中浸 5 分钟，再转入 52～54℃温水中浸 10 分钟，冷却后催芽播种。

②盐酸液浸种。用盐酸 0.25～0.3 千克加水 50 千克稀释后，浸种 72 小时，用清水充分冲洗后，再催芽播种。

25. 水稻赤枯病的发病原因是什么？

水稻赤枯病是由于土壤缺钾而引起的一种生理性病害。一般多发生在耕作层浅的沙土田、漏水田和红黄壤水田。偏施氮肥往往会加重病害的发生，导致严重减产。中毒型赤枯病主要是由土壤通透性不良所引起的，一般多发生于长期浸水、泥层深的稻田，特别是绿肥过量或施用未腐熟有机肥的早稻田。

26. 水稻赤枯病的防治措施是什么？

（1）**生理型赤枯病** 应改良土壤，增施氯化钾、硫酸钾、草木灰等钾肥，采用配方施肥，避免偏施氮肥。

（2）**中毒型赤枯病** 应加强农田基本建设，平整土地，合理施肥和灌水，降低地下水位。对已发病的稻田，应立即排水，酌施石灰，再深耕细耘，轻度搁田，加速浮泥沉实和增强土壤通透性。

27. 怎样防治水稻二化螟？

水稻二化螟俗称钻心虫，是北方稻区的主要害虫。其幼虫钻蛀稻株，常常造成枯心、白穗，严重影响水稻产量。

（1）农业防治 清理越冬场所，早春、秋后将水稻根茬、茎秆集中烧毁，减少越冬虫源。

（2）物理防治 设置杀虫灯对成虫进行灯光诱杀。

（3）化学防治 药剂防治一定要抓住防治适期，一般应在螟卵孵化高峰、幼虫蛀入水稻茎秆危害之前进行药剂防治。每亩用48％毒死蜱乳油60毫升，整个水稻生育期用药3～5次，间隔7～10天。

28. 怎样防治稻水象甲？

稻水象甲成虫主要啃食稻叶，沿叶脉取食叶肉，形成与叶脉平行的白条斑。幼虫钻食新根，造成秧苗缓秧慢，甚至死秧。首先防治越冬场所和秧田的越冬成虫，注意铲除田边杂草，春耕沤田时多耕多耙，使土中蛰伏的成虫、幼虫浮于水面，再集中销毁。其次在插秧后7～10天用药防治本田越冬代成虫和新一代幼虫。本田幼虫在插秧后3周左右危害前进行防治。可用20％三唑磷乳油1 000倍液，或50％杀螟松乳油800倍液，或90％敌百虫晶体600倍液喷雾。

29. 怎样防治稻飞虱？

稻飞虱是近年来发生比较严重的水稻害虫。可用以下几种方法进行防治。

（1）农业防治 结合积肥清除田边杂草，减少虫源；合理安排作物布局，适当提早栽插，避开稻飞虱危害的高峰期；选用抗性品种，加强水肥管理，合理密植，适时翻耕，促进稻株健壮生长。

（2）物理防治　用黑光灯诱杀成虫。

（3）生物防治　保护天敌，通过合理用药，减少对天敌的伤害。

（4）药剂防治　在 2～3 龄若虫盛发期施药，每亩用 25％扑虱灵可湿性粉剂 25～30 克，或 10％扑虱灵乳油 50 毫升，或 80％敌敌畏乳油 80～100 毫升，兑水 75 千克喷雾，喷雾时对准稻株基部，使药液喷在虫体上，害虫密度大时，用上述药量兑水 200～300 千克，全田泼浇。

30. 怎样防治稻纵卷叶螟？

（1）农业防治　冬春季铲除田边、沟边杂草，从而减少越冬虫源。

（2）生物防治　在稻纵卷叶螟产卵始盛期至高峰期，分期分批放蜂，每亩每次放 3 万～4 万头，隔 3 天 1 次，连续放蜂 3 次。

（3）化学防治　根据水稻分蘖期和穗期易受稻纵卷叶螟危害，尤其是穗期损失更大的特点，药剂防治的策略是：掌握狠治穗期受害代，不放松分蘖期危害严重代的原则，在幼虫 2～3 龄盛期，或百丛有新卷叶苞 15 个以上时进行防治。每亩用 48％毒死蜱乳油 80 毫升，或 42％特力克乳油 60 毫，兑水 40 千克均匀喷雾防治。

31. 如何防治中华稻蝗？

中华稻蝗俗称蚂蚱，以成虫、若虫食叶成缺刻，严重时全叶被吃光，仅残留叶脉，还可咬断小穗，咬坏穗颈、谷粒等，造成减产。

（1）农业防治　发生重的地区组织人力翻埂杀灭蝗卵。冬季铲除田埂杂草或开垦荒地，可破坏其越冬场所。

（2）保护利用天敌　放鸭啄食或保护青蛙、蟾蜍，可有效抑制该虫的发生。

（3）药物防治　根据稻蝗有群集在田埂、地边、渠旁取食杂草

嫩叶的习性，在 3 龄前突击防治。稻田百株有虫 10 头以上时，可用 25％杀虫双 200～400 倍液，或 50％辛硫磷乳油 2 000～3 000 倍液，或 50％马拉硫磷乳油 2 000～3 000 倍液喷雾防治。

（二）小麦病虫草害防治技术问答

32. 什么是"一喷三防"？

冬小麦抽穗后，株高达到一生中最高，田间郁闭，蚜虫开始由植株中下部叶片向穗部转移，刺吸汁液，影响灌浆，造成小麦减产。白粉病、锈病也随着温度的上升和田间湿度较大而发生。另外，小麦抽穗后气温上升很快，伴随着春旱，干热风多发，这些不利因素对小麦产量构成极大威胁，保持较多的绿叶面积是这一时期的田间管理重点。"一喷三防"即将防治麦蚜的杀虫剂、防治白粉病、锈病的杀菌剂和预防干热风促灌浆的叶面肥结合在一起，喷洒植株，达到防治麦蚜、防治白粉病、预防干热风的多种功效。

33. 麦田杂草的种类有哪些？如何防治？

麦田杂草可分为越年生杂草和一年生杂草，越年生杂草主要以播娘蒿、荠菜为主，一年生杂草以落藜为主。冬小麦田以越年生杂草为主的地块，一般冬前除治效果好于冬后除治。近几年由于连续使用 10％苯磺隆，荠菜已产生抗药性，建议冬前使用 72％2,4 -滴丁酯，冬前亩用量 30～40 克，春季亩用量 50 克，但应注意冬前用药应在麦苗三叶期以后。

34. 什么是小麦吸浆虫？

北方麦区小麦吸浆虫一年发生一代，是一种毁灭性害虫，一般减产 20%～60%，个别地块绝收。以老熟幼虫越夏越冬，第二年春季当 10 厘米地温升至 10℃时开始向地表移动化蛹，在 6 月上旬羽化成虫交尾产卵于穗部，侵入粒部吸食汁液，后随小麦收割落入土中。收获后的小麦品质大大下降，穗部发黑、籽粒空瘪，剥开颖壳可见橘红色的幼虫。

35. 哪种土壤类型适于小麦吸浆虫发生？防治小麦吸浆虫有几个用药关键期？

（1）山前平原壤土和通透性好、土质疏松的土壤类型适于其发生。

（2）两个防治关键期，即吸浆虫的蛹期和成虫期，也就是小麦的孕穗期、扬花期，分别进行毒土防治和喷雾防治。

36. 怎样防治小麦吸浆虫？

小麦吸浆虫在冀东地区以红吸浆虫为主，多为随小麦跨区收割作业传入。防治适期以孕穗期为宜，此时幼虫上升至土表化蛹，可用 3%甲基异柳磷颗粒剂拌毒土撒施，亩用 2～4 千克，随后浇水，效果更好。也可在 6 月上旬吸浆虫羽化成虫时防治，可每亩用 48%毒死蜱 50 克或 10%吡虫啉 20 克喷雾防治。

37. 小麦黑穗病如何防治？

小麦黑穗病一般随种子进行远距离传播，效果好的技术措施有药剂拌种防治，可选用 2%戊唑醇拌种剂，药种比例以 1：170 为宜。

38. 小麦地下害虫有哪些？怎样防治？

小麦地下害虫主要有蝼蛄、金针虫、蛴螬、地老虎等。可用

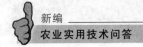

50％辛硫磷拌种，药种比例为 1∶200 为宜。

39. 小麦丛矮病有哪些症状？如何防治？

小麦丛矮病传毒媒介是灰飞虱，发病后，小麦出现分蘖增多矮化、分蘖细弱，严重的不能抽穗，抽穗的结实很少。灰飞虱一般多发生在地边地头，靠近田埂处，播种时杂草较多的地方。所以，最佳的防治方法就是切断毒源，清除地边地头及田埂处的杂草，减少虫源。

40. 如何防治小麦条锈病？

小麦条锈病主要危害叶片和叶鞘、茎秆，病斑呈半椭圆形，在叶片上排列呈条状，鲜黄色，破坏叶绿素，造成光合效率下降，一般减产 20％～30％，最严重可造成绝收。防治时先选用抗病品种，降低防治成本。药剂防治可用 15％三唑酮可湿性粉剂，每亩 100克或 25％烯唑醇可湿性粉剂 30～50 克喷雾防治，连续用药 1～2 次。

41. 小麦赤霉病发生并流行的关键因素是什么？应怎样防治？

小麦赤霉病又称烂头病、麦穗枯。发生并流行的关键因素是小麦扬花期遇阴雨天气。幼苗至幼穗均可发病，引起苗枯、茎基腐、秆腐和穗腐等症状，以穗腐危害最大。湿度大时，发病小穗颖处产生红色粉红色胶状霉层，空气干燥时，病部枯死，形成白穗。一般减产 10％～40％，严重时减产 50％～100％。要筛选抗病品种，适期播种，合理施肥，追肥早施少施。可用戊唑醇、烯唑醇、咪鲜胺等药剂进行防治。

42. 小麦全蚀病的症状是什么？

小麦全蚀病又称小麦立枯病，是一种真菌病害。在我国是植物检疫对象。小麦受害后，苗期病株矮小，下部叶片发黄，种子根和地中茎变成灰黑色。拔节期基部1～2节的叶鞘内和病茎表面病菌形成黑色菌丝层。抽穗后菌丝层颜色逐渐加深呈黑膏药状，上面密布黑褐色小颗粒样子囊壳。病株宜拔起。发病早的植株不能抽穗，成丛或成片枯死。发病迟的多呈枯死白穗。

43. 小麦全蚀病应怎样防治？

（1）加强植物检疫 防止病害传播蔓延。

（2）农业防治 高温发酵法沤制肥料，杀灭病菌，严格清洗从疫区进入非疫区跨区收割机械；增施磷、钾肥，增强植株抗病能力；轮作倒茬。

（3）药剂防治 可用15％三唑酮可湿性粉剂或12％烯唑醇按种子重的0.03％拌种，也可在幼苗期用15％三唑酮或12％烯唑醇每亩30～50克兑水喷施茎基部。

44. 小麦白粉病适宜发病温度是多少？在河北省冬麦区利于小麦白粉病流行的主要因素有哪些？

小麦白粉病适宜发病的温度为15～20℃；高湿多雨、低温、小麦群体过大、使用氮肥过多、浇水次数多等因素都容易造成白粉病的传播流行。

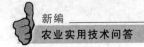

45. 小麦蚜虫主要种类有哪些？有什么危害特点？防治
小麦蚜虫应选择具备什么特点的农药？

（1）**麦田蚜虫种类**　主要有麦长管蚜、麦二叉蚜、麦无网长管
蚜、禾谷缢管蚜。

（2）**麦蚜危害特点**　刺吸植物汁液、分泌蜜露影响小麦光合作
用，其孤雌生殖繁殖速度快。

（3）**防治小麦蚜虫**　宜选用具有内吸作用、触杀作用的杀
虫剂。

（三）玉米病虫草害防治技术问答

46. 玉米大斑病有何症状？

玉米大斑病侵染叶片，叶片上形成大型的核状病斑，在田间初
为灰绿色小斑点，在室内初为水渍状小斑点。扩展后为边缘暗褐
色、中央淡褐色或青灰状的大斑。潮湿时病斑上有明显的黑褐色霉
层。严重时病斑联合纵裂，叶片枯死。

47. 玉米大斑病该如何防治？

①种植抗病品种。
②重病田避免秸秆还田，或者和其他作物轮作。
③发病初期，用 10％世高（苯醚甲环唑）水分散粒剂喷雾，
间隔 7～10 天，连续喷药 2 次。

48. 玉米小斑病有何症状？

玉米小斑病以侵染叶片为主，但茎部、果穗的苞叶、籽粒均可

被害。叶片病斑小而多，初为褐色水渍状小点，扩大后成椭圆形、长约1厘米的病斑，边缘有紫色或红色晕纹圈。有时病斑上呈现2～3个同心圈。叶片上病斑数不等。后期病斑常彼此连接，叶片干枯。潮湿条件下病斑也长霉层，但不如玉米大斑病明显。有一些抗病品种，病斑仅表现为黄褐色坏死小点，斑点基本不扩大，周围有黄绿色晕圈。

49. 玉米小斑病如何防治？

（1）**农业防治**　选用抗病品种，收获后及时秋耕，玉米秸秆集中作为燃料尽早用完。若作肥料应经高温堆沤，并不宜施于玉米田。加强栽培管理，施足基肥，增施磷、钾肥，加强中耕除草，大面积摘除玉米底部病叶，以增强抗病力，减轻发病。

（2）**化学防治**　发病初期，用10%世高（苯醚甲环唑）水分散粒剂喷雾，每7～10天一次，连喷2次。

50. 玉米褐斑病的症状及防治方法是什么？

（1）**症状**　玉米褐斑病主要侵染叶片、叶鞘、茎秆。以叶片和叶鞘交接处病斑最多，常密集成行。病斑为圆形或椭圆形到线形，褐色至红褐色，小病斑有时汇成大斑，病斑附近的叶组织常呈粉红色。发病后期，病斑表皮破裂，散出褐色粉末，叶细胞组织呈坏死状，病叶局部散裂，叶脉和维管束残存如丝状。发病严重时，危害茎节，遇风倒折。

（2）**防治方法**　首先种植抗病品种；改进秸秆还田方法，变直接还田为深翻还田或者腐熟还田；在玉米5～6叶期用15%粉锈宁可湿性粉剂1 000倍液喷雾，每隔7～10天一次，连喷2次。

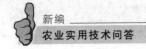

51. 什么是玉米粗缩病?

玉米粗缩病是由玉米粗缩病毒引起的病毒病,一旦发生,无法治疗,产量损失严重,是一种毁灭性病害。植株感病茎节缩短变粗,严重矮化,叶片浓绿对生,宽短硬直,状如君子兰,顶叶簇生,心叶卷曲变小,叶背及叶鞘的叶脉上有粗细不一的蜡白色突起条斑。苗期感病,不能抽穗结实,往往提早枯死。10叶前感病,上部茎节缩短,虽能抽穗结实,但雄花轴短缩,穗小畸形,后期感病症状不明显,但千粒重有所下降。

52. 玉米粗缩病应如何防治?

①适当增加播种量,早铲除,晚定苗,一般6～7叶后再定苗,并及时拔除田间病株,带到地头深埋,减少病原。
②用种衣剂包衣或其他农药拌种。
③及时除治田间地头杂草,减少寄生,减轻危害。
④遇到干旱及时浇灌。
⑤苗期对玉米田及四周杂草喷药防治灰飞虱。可选用吡虫啉、啶虫脒、高效氯氰菊酯或者用稻虱净可湿性粉剂。

53. 玉米矮花叶病有什么症状?

玉米整个生育期均可发生矮花叶病,苗期受害重,抽雄前为感病阶段。最初在心叶基部叶脉间出现许多椭圆形褪绿小点或斑纹,沿叶脉排列成断续的长短不一的条点,病情进一步发展,叶片上形成较宽的褪绿条纹,尤其新叶上明显,叶绿素减少,叶色变黄,组织变硬,质脆易折断,有的从叶尖、叶缘开始,出现紫红色条纹,最后干枯。一般第一片病叶失绿带沿叶缘由叶基向上发展成倒八字形,上部出现的病叶待叶片全部展开时,即整个成为花叶。病株黄弱瘦小，生长缓慢，株高不到健株一半，多数能抽穗但早死，少数病株虽能抽穗，但穗小，籽粒少而秕瘦。病株根系发育弱，易腐烂。

54. 玉米矮花叶病如何防治？

①选用抗病品种，利用品种间抗性差异显著的特点，减轻危害。

②适期播种，使玉米苗期避开蚜虫发生高峰期。

③用锐胜、锐劲特种衣剂包衣。

④苗期使用吡虫啉、吡蚜酮、阿维菌素等化学药剂喷雾防治蚜虫，降低传毒价体数量。

⑤保持田间清洁，及早除草，破坏蚜虫越冬场所。

⑥及时拔除田间病苗，消灭毒源。

⑦发病初期，可用含盐酸吗啉胍或三氮唑核苷成分的药剂喷雾，延缓发病，降低病株率，挽回产量损失。

55. 玉米纹枯病有哪些症状？

玉米纹枯病主要危害玉米的叶鞘、果穗和茎秆。在叶鞘和果穗苞叶上的病斑为圆形或不规则形，淡褐色，水渍状，病健部界限模糊，病斑连片愈合成较大型云纹斑块，中部为淡土黄色或枯草白色，边缘褐色，湿度大时发病部位可见到茂盛的菌丝体，后结成白色小绒球，逐渐变成褐色的大小不一的菌核。有时在茎基部数节出现明显的云纹状病斑。病株茎秆松软，组织解体。果穗苞叶上的云纹状病斑也很明显，造成果穗干缩、腐败。

56. 玉米纹枯病应怎样防治？

（1）种植抗病品种

（2）合理施肥 避免偏施氮肥，做到氮、磷、钾肥配合施用。

(3) 合理密植　提倡宽窄行种植，低洼地注意排水，降低田间湿度，增强植株抗病力，减轻发病。

(4) 药剂防治　发病初期，每亩用5％井冈霉素100～150毫升，或农抗120水剂150～200毫升，或25％粉锈宁可湿性粉剂50克，兑水50～60千克，对准发病部位均匀喷雾。一般每7～10天喷一次，连喷2次。

57. 玉米锈病有什么表现症状？如何防治？

(1) 症状　玉米锈病可发生在玉米植株地上部的任何部位，以叶片发病最为严重。发病初期，叶片上散发黄色小斑点，病斑逐渐隆起呈圆形或椭圆形，黄褐色或红褐色。病斑表皮破裂后，散出大量锈色粉状物，为病菌夏孢子。植株生长后期，在病斑上逐渐形成黑色粉状物，为病菌冬孢子。

(2) 防治　首先要种植抗病品种。其次不要偏施氮肥，增施磷、钾肥，提高植株抗病性。发病初期，喷施20％三唑酮乳油1 000～1 500倍液，控制病害扩展。

58. 玉米病毒病主要有哪几种？防治的关键技术是什么？

(1) 玉米病毒病　主要有玉米粗缩病毒、玉米矮花叶病毒。

(2) 防治关键技术　调整玉米播种期，改套播为平播，注意防治蚜虫、飞虱等传毒媒介，做好除草工作。

59. 夏玉米田杂草防治的"两个关键时期"和化学除草技术是什么？

(1) 两个关键时期　即苗前处理时期和茎叶防治时期。

(2) 化学除草技术　包括土壤封闭处理和茎叶处理。土壤封闭处理是在玉米播种后、出苗前，用除草剂对土壤进行封闭处理，达到防除杂草的目的。而茎叶处理则是在玉米生长到一定阶段，用除草剂对田间杂草进行定向喷雾，杀灭杂草的处理方法。

60. 玉米螟应如何防治？

（1）**在心叶内撒施颗粒剂**　用3％辛硫磷颗粒剂或3％克百威颗粒剂每亩1～2千克。

（2）**降低虫源基数**　在玉米秸秆还田时，杀死秸秆内越冬的幼虫，降低越冬虫源基数。

（3）**利用天敌防治**　在玉米螟卵期，释放赤眼蜂2～3次，每亩释放1万～2万头。

（4）**物理防治**　利用性诱剂或杀虫灯诱杀越冬代成虫。

61. 玉米蓟马危害特点是什么？该如何防治？

玉米蓟马是玉米苗期主要害虫之一，它以成虫、若虫锉吸玉米叶片汁液，并分泌毒素，抑制玉米生长发育。被害植株叶片上出现成片的银灰色斑，叶片点状失绿，致使玉米心叶上密布小白点及银白色条斑，部分叶片畸形破裂，造成心叶扭曲，呈猪尾巴状，难以长出，如遇阴雨天气还可造成心叶腐烂，严重影响玉米的正常生长。玉米苗期是玉米蓟马危害最为敏感的时期，一旦危害严重，田间形成缺苗断垄，影响玉米产量。

应适期防治，因蓟马虫体小，在玉米心叶危害，不易发现，到表现危害症状时往往偏晚，苗龄越小，危害越大。每亩用10％吡虫啉可湿性粉剂20克，或4.5％高效氯氰菊酯1 000～1 500倍液，或3％啶虫脒可湿性粉剂10克兑水30千克均匀喷雾。施药时应在9:00以前或17:00以后，对玉米叶片和心叶进行喷药防治。

62. 玉米地下害虫应如何防治？

(1) 玉米蛴螬

①用种衣剂 30％氯氰菊酯直接包衣，或者用 40％辛硫磷乳油 0.5 升加水 20 千克，拌种 200 千克。

②用 48％毒死蜱乳油 2 000 倍液或 40％辛硫磷乳油 1 000 倍液灌根处理。

③严重地块采用秋耕、倒茬、水旱轮作等农业措施。

④人工捕捉幼虫，在被害株下挖掘出幼虫，杀灭。

⑤在成虫发生盛期设黑光灯诱杀。

(2) 玉米地老虎、蝼蛄　防治最佳时期在 1～3 龄，此时幼虫对药剂抗性较差，并在寄主表面或幼嫩部位取食。

①药剂拌种：用 50％辛硫磷乳油拌种，用药量为种子重量的 0.2％～0.3％。

②用 48％毒死蜱乳油或 40％辛硫磷乳油 1 000 倍液灌根或傍晚茎叶喷雾。

③每亩用 50％辛硫磷乳油 50 克拌毒土，傍晚撒在作物行间。

④清晨捕捉幼虫，拨开萎蔫苗、枯心苗周围泥土，挖出地老虎的大龄幼虫。

⑤利用黑光灯诱杀成虫。

63. 玉米红蜘蛛应怎样防治？

①用 20％哒螨灵可湿性粉剂 2 000 倍液，或 10％吡虫啉可湿性粉剂 1 000～1 500 倍液，或 1.8％阿维菌素乳油 4 000 倍液喷雾，重点防治玉米中下部叶片的背面。

②小麦—玉米连作的地块，要做好冬小麦叶螨的防治工作，及时清洁田间地头杂草，降低虫源基数。

③高温干旱时，要及时浇水，控制虫情发展。

64. 河北省夏玉米田杂草的主要种类有哪些?

以禾本科杂草种类最多,主要优势种有马唐、狗尾草、牛筋草、小麦自生苗、铁苋菜、马齿苋、反枝苋、藜、车前草、刺儿菜、苣荬菜、田旋花等。

65. 夏玉米杂草应怎样除治?

推行化学除草可在播后芽前,每亩用 50% 乙草胺乳油 100～120 毫升或 40% 乙莠水 150～200 毫升兑水 30～50 千克喷地面。苗后茎叶处理,可每亩用 4% 玉农乐胶悬剂 75 毫升茎叶喷雾,或每亩用 20% 克芜踪水剂 120～150 毫升兑水 30～50 千克在玉米苗高30 厘米以上时定向喷雾防治,注意不要喷到玉米上,对阔叶杂草和禾本科杂草均有良好的防效。

需要注意的问题是化学除草剂的效果与土壤表层的含水量关系很大。土壤湿润则化学除草剂效果好,土壤干燥则化学除草效果不佳。所以当土壤墒情不足时,不要在播后勉强喷药,可以等玉米出苗后,待下雨或灌溉后再喷药。

(四) 花生病虫害防治技术问答

66. 花生根腐病有哪些症状?

花生播后出苗前染病,可引起烂种、烂芽;苗期受害引致根腐、苗枯;成株期受害引致根腐、茎基腐和荚腐,病株地上部表现矮小、生长不良、叶片变黄,终致全株枯萎。由于本病发病部位主要在根部及维管束,使病株根变褐腐烂,维管束变褐,主根皱缩干腐,形似老鼠尾状,患部表面有黄白色至淡红色霉层。

67. 花生根腐病应怎样防治?

采取以栽培防病为主,药剂防治为辅的综合防治措施;把好种子关,做好种子的收、选、晒、藏等项工作;播前翻晒种子,剔除变色、霉烂、破损的种子;合理轮作,因地制宜确定轮作方式、作物搭配和轮作年限;药剂防治,发病初期用正源兑水 1 000 倍或隆抗兑水 300~500 倍喷雾淋根。

68. 花生青枯病症状是什么? 怎样防治?

花生一般在初花期最易感染此病。病株初始时,主茎顶梢第一、第二片叶片先失水萎蔫,早上延迟开叶,午后恢复。1~2 天后,病株全株或一侧叶片从上至下急剧凋萎,色暗淡,呈青污绿色,后期病叶变褐枯焦,病株易拔起。病茎纵剖维管束呈黑褐色,横切面下稍加挤压可见白色黏液溢出。

(1) 农业防治 选用高产抗病品种,合理轮作。有水源地方,实行水旱轮作,防效较好。旱地可与瓜类、禾本科作物 3~5 年轮作,避免与茄科、豆科、芝麻等作物连作。旱地花生,播种前进行短期灌水,可使病菌大量死亡。采用高畦栽培,适期播种,合理密植,防止田间荫蔽与大水漫灌。注意排水防涝,防止田间积水与水流传播病害。

采用配方施肥技术,施足基肥,增施磷、钾肥,早施氮肥,促进花生稳长早发。基肥每亩施熠昌生物豆粕有机肥 80 千克、复合肥 20 千克、尿素 5 千克、过磷酸钙 30 千克、硼砂 2 千克。对酸性土壤可施用石灰,降低土壤酸度,减轻病害发生。田间发现病株,应立即拔除,带出田间深埋,并用石灰消毒。花生收获时及时清除病株与残余物,减少土壤病原。

(2) 化学防治 在发病初期可喷施 72%农用链霉素或新植霉素、20%噻菌铜溶液、20%叶枯唑、春雷霉素、多黏类芽孢杆菌、荧光假单胞杆菌、3％中生菌素、甲霜灵＋福美双、甲霜灵＋噁霉灵、应天2号多功能生物制剂或上述产品的相关复配产品。隔7～10天喷一次，连喷2～3次防治。也可以用14％络氨铜水剂300倍液、50％琥胶肥酸铜可湿性粉剂500倍液、77％氢氧化铜可湿性粉剂600～800倍液、72％农用链霉素可湿性粉剂4 000倍液进行灌根处理，每株灌药液250毫升，隔10天一次，连续灌2～3次。

69. 花生褐斑病、黑斑病、锈病的症状各是什么？应怎样防治？

花生褐斑病主要危害叶片。被害叶片初现黄褐色小斑点，褐斑病产生近圆形或不规则形病斑，斑正面黄褐色至深褐色，背面淡黄褐色，斑外黄晕宽大而明显，斑正面病症不明显，仅隐约可见薄霉层。褐斑病在病斑的大小、颜色、黄晕和病症方面均与黑斑病明显有别。

花生黑斑病症状：发病高峰多出现于花生的生长中后期。主要危害叶片，严重时叶柄、托叶、茎秆和荚果均可受害。叶斑近圆形，黑褐色至黑色，斑外黄晕不明显，但斑面病征呈轮纹状排列的小黑点明显。叶柄、茎秆等染病严重时常变黑枯死。

花生锈病症状：主要危害叶片，严重时叶柄、茎秆均可受害。下部叶片先发病，叶正面初现针尖大的黄色小点，相应的叶背面则出现稍隆起的黄色疱斑，随着病情的发展，疱斑明显隆起，色泽加深，终致表皮破裂，散出锈色粉末。严重时疱斑连合成斑块，叶片焦枯，远望如火烧状。

防治方法：

(1) 农业防治 选用高产抗病品种，合理轮作。有水源的地方，实行水旱轮作，防效较好；旱地可与瓜类、禾本科作物3～5年轮作，避免与茄科、豆科、芝麻等作物连作。旱地花生，播种前进行短期灌水，可使病菌大量死亡。

采用配方施肥技术，施足基肥，增施磷、钾肥，适当施氮肥，叶面喷施天达2116，促进花生稳长早发。对酸性土壤可施用石灰，

降低土壤酸度，减轻病害发生。

(2) 拌种 播种前，用花生专用种衣剂对种子进行包衣处理，可有效减轻危害。

(3) 喷雾 花生苗出齐后，每亩用72%农用链霉素4 000倍液、10%世高2 500倍液喷雾。

70. 怎样防治花生蛴螬？

蛴螬是危害花生的主要地下害虫，影响花生发芽、坐果、结荚、产量及品质。一般发生田被害损失率在20%～30%，严重地块甚至绝收。采用合理的耕作制度，调整茬口，科学轮作。

(1) 插毒枝诱杀成虫 于成虫出土高峰期（即6月下旬至7月下旬），可用30～40厘米的新鲜带叶杨柳枝，浸入40%氧乐果30～40倍液中，傍晚插入花生田，每亩插10～20枝诱杀，5～7天换1次，连续换2～3次。

(2) 选用高效环保农药杀虫

①土壤处理，减少虫源。若田间蛴螬密度达到3头/米^{2}以上时，可每亩用40%辛硫磷乳油0.25千克，兑水0.5千克，或选用十面埋伏（3%辛硫磷颗粒剂）2～3千克或5%神农丹1.5～2千克或3%呋喃丹1.5～2.5千克，拌细干土20千克，均匀撒于地表，随即耕翻。

②药剂拌种，确保全苗。可用40%甲基异柳磷乳油100毫升，兑水5千克，拌花生种80千克。

③适时灌药或撒毒土，控制危害。于花生开花后，可每亩用40%辛硫磷乳油0.25千克，兑水150～200千克灌棵；或每亩用3%辛硫磷颗粒剂2.5～3千克，拌细干土20千克，撒于垄间，随后浇水。

71. 花生蚜虫应怎样防治？

①在常发地区结合防其他地下害虫于播种时沟穴施毒土防蚜。

用 10%辛拌磷粉粒剂 7.5 千克/公顷加适量细土配成毒土，施入沟穴内，可起防蚜和兼治地下害虫的作用。

②在常发地区有条件的可采用地膜覆盖栽培，可减轻蚜害。

③加强调查，掌握虫情，及时施药，把蚜虫消灭在点片发生阶段。

防治方法：可使用药剂进行喷雾防治，常用杀虫剂有 10%吡虫啉可湿粉 2 000 倍液；40%氧化乐果 1 500 倍液；或 50%抗蚜威可湿性粉剂 10～18 克，兑水 15 千克喷雾。

防治蚜虫要注意及时防治，并用足药液量，做到花生叶面叶背都要喷到药液。

72. 花生红蜘蛛有哪些危害？如何防治？

一般 6～7 月为危害盛期。危害方式是聚集在叶片背面，结成蛛网，吸食叶肉叶汁，破坏叶绿素，影响叶片的光合作用。受害叶片先出现黄白色斑点，边缘向背面卷缩。受害轻时，叶片停止生长，受害严重时，叶片脱落，植株枯死。造成严重减产。

防治方法：及时浇水，不仅缓解旱情，还恶化红蜘蛛的生存环境，抑制红蜘蛛的发生。每亩用 15%哒螨灵可湿性粉剂 30～40 克或 1.8%阿维菌素乳油 30～40 毫升均匀喷雾。每 7 天防治一次，连喷 2～3 次。

（五）棉花病虫害防治技术问答

73. 棉花苗期有哪些病害？如何防治？

棉花苗期病害主要以立枯病、猝倒病为主，在苗期，低温、多雨、重茬、播种过早等因素是棉苗病多发的重要原因。棉苗发病初期，及时用 40%多菌灵胶悬剂或 65%代森锌可湿性粉剂或 36%棉

枯净可湿性粉剂 10～15 克/亩，兑水 15 千克顺棉苗茎秆喷雾，每 5～7 天一次。

74. 棉花枯萎病有哪几种类型？

棉花枯萎病幼苗至成株均可发病，现蕾前后发病最盛。可归纳为 5 种类型：

（1）黄色网纹型 病株叶脉变黄，叶肉保持绿色，叶片局部或大部分呈黄色网纹状，叶片逐渐萎缩枯干。

（2）黄化型 叶片边缘局部或大部变黄，萎缩枯干。

（3）紫红型 叶片局部或大部变紫红色，叶脉也呈紫红色，萎缩枯干。

（4）青枯型 叶片突然失水，叶色稍变深绿，叶片变软变薄，全株青干而死亡，但叶片一般不脱落，叶柄弯曲。

（5）皱缩型 5～7 片真叶时，大部分病株顶部叶片皱缩、畸形，色深绿，节间缩短，比健株矮小，一般不死亡，病株根茎剖面木质部变成黑褐色。

75. 棉花枯萎病有哪些发病规律？

棉花枯萎病菌主要在病株种子、病株残体、土壤和粪肥中越冬。带菌种子的调运是引发新病区发病的主要原因，病区棉田的耕作、管理、灌溉等农事操作是近距离传播的重要因素。病株根、茎、叶、壳等在高湿时可长出病菌孢子，随气流、雨水传播，侵染周围健株。

棉花枯萎病的发病与温湿度关系密切，一般土温在 20℃左右开始发病，土温上升到 25～28℃ 时，形成发病高峰；夏季暴雨或多雨年份，发病严重；地势低洼、土质黏重、偏碱、排水不良、偏施氮肥、耕作粗放的棉田发病严重。

76. 棉花枯萎病的防治方法是什么？

播种前，选用40％多菌灵·五氯硝基苯、50％甲硫·福美双500倍液进行土壤消毒；发病初期用40％多菌灵·五氯硝基苯、50％甲硫·福美双600～800倍液喷雾或500倍液进行灌根，或选用50％福美双600～800倍液、80％代森锰锌800～1 000倍液进行喷施，防效显著；对发病较重的田块，同时用0.2％磷酸二氢钾溶液加1％尿素溶液叶面喷雾，每隔5～7天进行一次，连续2～3次，防病效果更加明显。

77. 棉花黄萎病有什么危害症状？

棉花黄萎病于田间现蕾前后开始发病，病叶边缘失水、萎蔫，叶脉之间的叶肉出现不规则黄色斑块，逐渐扩大成叶脉保持绿色的掌状斑驳，似西瓜皮，中下部叶片逐渐向上部发展，不落叶或部分落叶，病株比健株稍矮小。夏季久旱后暴雨，或大水漫灌之后，造成叶片突然萎蔫，似开水烫伤状态，然后叶片脱落，称为急性萎蔫型。

78. 棉花黄萎病怎样防治？

（1）选用抗病品种，实行轮作倒茬　在北方棉区，采用小麦、玉米与棉花轮作，可减轻发病；在蕾期、铃期及时喷洒缩节胺等生长调节剂，对黄萎病的发生有减轻作用。

（2）化学防治　重在于防，前期使用80％代森锰锌、50％福美双、50％甲硫·福美双等药剂600～800倍液进行喷雾，5～7天一次，连喷3次，对棉花黄萎病有很好的预防效果。

79. 棉花黄萎病和枯萎病的主要区别是什么？

①黄萎病出现晚，在蕾期才开始发生；枯萎病苗期可严重危害，蕾期是发病盛期。

②黄萎病大多是先从下部叶片发病的，枯萎病常自顶端向下开始发病。

③黄萎病叶肉变黄，枯萎病叶脉变黄。

④黄萎病后期落叶成光秆，枯萎病容易落叶成光秆。

⑤黄萎病稍矮缩，枯萎病株型矮缩，节间变短。

⑥剖秆后维管束黄萎病为淡褐色，枯萎病为深褐色。

80. 棉蚜有哪些危害特点？

棉蚜以刺吸口器刺入棉叶背面或嫩头，吸食汁液。苗期受害，棉叶卷缩，开花结铃期推迟，造成晚熟减产；成株期受害，上部叶片卷缩，中部叶片现出油光，下位叶片枯黄脱落；蕾铃受害，易落蕾，影响棉株发育；有的造成落叶而减产。

81. 棉蚜有利的发生条件是什么？怎样防治？

棉蚜有利发生条件：苗蚜发生在出苗到现蕾以前，适宜偏低温度，气温超过27℃时繁殖受到抑制，虫口迅速下降；伏蚜主要发生在7月中旬到8月，适宜偏高的温度，在17～28℃大量繁殖，当气温大于30℃时，虫口才迅速减退。棉蚜最适宜温度为25℃，相对湿度为55%～85%，多雨气候不利于蚜虫发生，大雨对蚜虫有明显抑制作用，而时晴时雨、阴天、细雨对其发生有利。

(1) 利用天敌 麦田治蚜时用不杀伤天敌的选择性杀虫剂，如抗蚜威（辟蚜雾），以保护天敌向棉苗转移。

（2）**药剂防治** 苗蚜百株 3 叶蚜量 2 500 头或以出现卷叶株作为防治指标，伏蚜平均单株上、中、下 3 叶蚜量 200 头作为防治指标。棉蚜发生达到防治指标时正处于点片危害阶段，应进行局部针对性喷雾，避免大面积用药。可用吡虫啉、蚜虱灵等低毒高效杀虫剂。也可结合防治三代棉铃虫兼治伏蚜。每亩用 10％吡虫啉 20～30 克，或 30％吡虫啉 10～15 克，或 70％吡虫啉 4～6 克，均匀喷雾，防效达 90％，持效期 15 天以上。

82. 棉红蜘蛛的危害特点是什么？

棉红蜘蛛俗称火龙、火蛛子，干旱年份危害猖獗，主要在棉叶背面吸食汁液；苗期至成熟期均有发生，以若螨和成螨群聚叶背吸取汁液，被害棉叶开始出现黄白色斑点，危害加重时叶片出现红色斑块，直到整个叶片变成褐色，干枯脱落。

83. 棉红蜘蛛发生特点有哪些？

棉花红蜘蛛年发生 10～20 代，主要存活于枯枝落叶、野生寄主和土缝中，先是点片发生，而后扩散至全田。最适发生温度为 29～31℃，最适相对湿度为 35％～55％，温度达 30℃以上和相对湿度超过 70％，不利于其繁殖，暴雨对其发生有抑制作用。在高温干旱季节棉红蜘蛛危害猖獗，轻者棉苗停止生长，蕾铃脱落，后期早衰；重者叶片发红，干枯脱落，棉花变成光秆。

84. 棉红蜘蛛怎样用药剂防治？

高温干旱季节及时选用 15％哒螨灵 1 000～1 500 倍液、20％哒螨灵 1 500～2 000 倍液、1.2％阿维·哒 1 500～2 000 倍液、1.8％阿维 2 000～3 000 倍液，均匀喷雾，施药时应注意叶面叶背

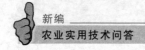

均匀喷雾，确保药效和防效。

85. 棉盲蝽的发生与防治方法是什么？

棉盲蝽化学防治时期在 6 月中下旬，此期棉花植株发育比较幼嫩，如遇雨多、湿度大的气候条件，有利于盲蝽的发生与危害，该时期是防治关键期。防治指标应掌握在果枝或顶尖叶片被害株率达 5% 或点片棉株受害时进行用药防治。由于成虫具有一定的迁飞性，给防治工作带来一定的难度，因此在防治方法上要以棉尖和果枝尖为重点，从外围向中心喷。可用 20% 快克乐 1 500 倍液、10% 吡虫啉 5～10 克加菊酯 25～30 毫升兑水 15 千克进行喷雾。注意 9:00 以前或 17:00 以后用药防治。

86. 棉铃虫怎样进行危害？

棉铃虫以幼虫危害棉花嫩尖、花蕾、花和青铃，可咬短嫩茎顶端，形成无头棉。幼蕾被害后，苞叶变黄张开，两三天后脱落。幼虫喜食花粉和柱头。青铃被害后，可形成烂铃或僵斑，严重影响棉花产量和质量。

87. 棉铃虫有什么防治对策？

（1）中耕灭蛹 麦收后及时中耕，灭茬破埂，破坏棉铃虫蛹室，压低虫源基数。

（2）人工采卵灭虫 及时摘除败花，人工灭虫，非抗虫棉田要结合整枝打杈，进行人工采卵灭虫并将残枝败叶带出田外集中处理。

（3）化学防治 一代棉铃虫绝大多数在麦田危害，危害期是小麦穗期，防治小麦病虫时就可兼治。抗虫棉对二代棉铃虫控制效果较好，一般不需防治，对三四代棉铃虫的控制效果减弱，需适时进行防治。药剂可选用 35％丙溴·辛硫磷 1 000～1 500 倍液、52.25％毒死蜱·氯氰 1 000～1 500 倍液、20％氯铃·毒死蜱 1 000～1 500 倍液。

88. 夏季气温高，使用农药有哪些注意事项？

高温季节施用农药，要注意以下几个方面的问题：

（1）提高农药的利用率　注意增加药剂黏着性。露天作物使用农药时应选择耐雨水冲刷的，如乳油等比较合适，这些农药在植株表面残留时间较长，而粉剂、水剂等则相对较差。很多作物种类，叶片表面存有茸毛或较厚的蜡质层，如玉米、大葱、姜、芋头等，药液在茸毛、蜡质层上容易形成液滴，不能全面接触植株叶片表面，可以在药剂中加入有机硅等助剂来增强药剂的效果。

（2）适当降低药剂的浓度　大多数农药的药效随着温度的升高，药效也会增强，所以高温季节用药时应注意减少药液的用量，尤其是激素类的药剂尤为注意，用药量重极易导致药害的发生。所以要根据温度的变化合理调整药剂的浓度。

（3）注意喷雾质量　其实作物在进行药剂喷施时，作物叶片表面能够附着的农药雾滴是有限度的，当喷洒量超过一定限度时，叶片上的细小雾滴会凝聚成大雾滴而滚落、流失，反而使叶片上附着的农药量降低。喷雾法一般要求喷雾雾滴分布均匀，覆盖率高，以湿润植株表面不流滴为宜，这样就要求使用的喷雾器雾化效果好，减少药液的浪费。同时要注意喷药全面，尤其一些害虫喜欢在叶背产卵危害，喷施药剂时要尤为注意。

（4）注意合理喷药，防止中毒　配药、施药时，要防止农药腐蚀皮肤，使用挥发性农药一定要注意使用口罩，同时禁止夏季中午高温时间喷施农药，夏季喷药应选择在 9:00 之前或 16:00 之后进行，避免药害的发生。连续施药时间不要过长。

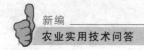
（六）蔬菜病虫害防治技术问答

89. 蔬菜苗期病害有哪些？这些病害的特征是什么？

蔬菜苗期常见病害主要有猝倒病、立枯病、早疫病、枯萎病以及沤根等。

（1）猝倒病 蔬菜苗期三大病害之一，俗称倒苗病，主要危害茄果类和瓜类蔬菜秧苗，在小苗1～2片真叶时最易发生，属于真菌病害。其发病症状是：发病初期在植株茎部近地面处呈水渍状，以后褪绿变黄，患病部位收缩变细如线状而引起倒苗。发病时往往秧苗成片倒地，苗虽倒下但叶片仍呈绿色。在环境潮湿时，病苗及附近土面会产生白色绵毛状菌丝。

（2）立枯病 寄主范围广，除茄果类、瓜类蔬菜外，一些豆科、十字花科等蔬菜也能被害。主要危害幼苗茎基部或地下根部，初为椭圆形或不规则暗褐色病斑，病苗早期白天萎蔫，夜间恢复，病部逐渐凹陷、缢缩，有的渐变为黑褐色，当病斑扩大绕茎一周时干枯死亡，但不倒伏。轻病株仅见褐色凹陷病斑而不枯死。苗床湿度大时，病部可见不甚明显的淡褐色蛛丝状霉。立枯病不产生絮状白霉，不倒伏且病程进展慢，可区别于猝倒病。

（3）早疫病 主要危害茄果类蔬菜，如番茄、茄子、辣椒、甜椒及马铃薯等。苗期主要症状为幼苗的茎基部生暗褐色病斑，稍陷，有轮纹。

（4）枯萎病 该病是瓜类和茄果类蔬菜的重要病害，此病主要为害番茄、黄瓜、西瓜、苦瓜、冬瓜、甜椒、茄子以及豆类等多种蔬菜，近年来危害呈逐渐加重趋势。

90. 防治蔬菜苗期猝倒病的主要方法有哪些？

猝倒病俗称倒苗、小脚瘟，危害各种蔬菜、花卉，严重时导致幼苗死亡。

症状特点：出苗前染病，引起子叶、幼根及幼茎变褐腐烂，即为烂种或烂芽。幼苗发病，大多从根茎部开始，初为水渍状，并迅速扩展，在子叶仍为绿色、萎蔫前，根茎部就缢缩变细，幼苗即贴地倒伏死亡，故称猝倒病。苗床湿度大时，病部及周围床上产生一层白色棉絮状霉。开始往往仅个别幼苗发病，条件适宜时，以这些病株为中心，迅速向四周蔓延，田间常形成一块一块的病区。

防治方法：

(1) 种子消毒 可采用药剂浸种或温汤浸种。

(2) 床土消毒 在配置营养土时，采用消毒处理杀灭土壤中的病菌。

(3) 适当稀植 播种时适当稀播，出苗后应及时间苗和分苗。采用穴盘育苗，对控制猝倒病有较好的效果。

(4) 适当增温 采用人工控温方法控制环境温度，特别是应提高苗床温度并保持稳定。实践证明，番茄苗期夜间温度如果保持在10℃以上，猝倒病的发病率将会大幅度降低。

(5) 适当降湿 降低苗床湿度，保持床土表面干燥，空气湿度控制在60%～80%，可以减轻病害的发生。因此应适当控制苗床灌水量，浇水在10：00～12：00温度较高时进行，避免在下午和傍晚浇水。浇水后在中午温度较高时放风，或者于浇水当天下午，在苗床表面撒一层干燥的草木灰，不仅降低苗床表面的土壤湿度，还有抑制病原菌发病的作用。

(6) 疏松床土 苗床松土可降湿增温，减轻病害发生。

(7) 药剂防治 病害发生后，先清除病株，在发病处喷洒百菌清，或多菌灵，或代森锰锌等杀菌剂的800倍液，也可用绿亨2号预防。喷药时必须将药液喷到秧苗的根部，并且连同床面一起喷洒，时间以上午为宜。

(8) 药剂拌土防治 也可把上述药物中的任何一种与干燥的细土混拌均匀，然后撒施在苗床上。

91. 蔬菜秧苗立枯病如何防治？

立枯病也是蔬菜苗期三大病害之一，属于真菌病害。首先要确定蔬菜秧苗是否真正感染了立枯病。立枯病的发病症状是：小苗发病时，植株茎部近地面处出现椭圆形褐色病斑，病部软化收缩使植株茎变细，然后开始折倒，病苗根部发生腐烂。较大秧苗发病时，在发病初期白天萎蔫，夜晚恢复，经过一段时间后全株开始枯萎，但植株一般不会折倒，故称立枯病。此时即使病苗不死，植株也变得非常衰弱，生长发育缓慢，结果少，产量低，品质差。如果育苗环境温暖潮湿，在病苗及其附近的土面产生少量淡褐色蛛网状的菌丝，菌丝能结成褐色、大小不等的菌核。

防治方法：同猝倒病。也可在拔出病株后，立即用绿亨 1 号 4 000～5 000 倍液或敌克松 600～800 倍液进行灌根。

92. 茄子灰霉病如何防治？

（1）生态防治法 是控制大棚茄子灰霉病的有效途径。采用地膜全膜覆盖，使用大棚无滴膜，切忌大棚内只盖畦面，不盖畦沟。其次是结合变温管理，加速通风，当晴天上午棚温升到 33℃ 时开始放风，保持棚温 22～25℃，湿度降到 70％ 以下。当棚温降到 20℃ 时关闭大棚，使大棚夜间温度保持在 15～17℃，这样上午控温，下午控湿，形成不利灰霉病发生的环境。

（2）机械防治法 在发病初期摘除病花瓣、病果、病叶，集中远离大棚并深埋，防效可达 85％ 以上，效果极为显著。

（3）药剂防治法

①定植前用万霉灵 1 000 倍液喷洒定植苗，达到无病苗下田。

②蘸花时，在配制好的 2，4-D 药水中加入 0.1％ 的 50％ 腐霉利可湿性粉剂蘸花或涂抹。

③大棚茄子在发病初期或阴雨连绵的气候条件下，可以用

45％百菌清烟熏剂熏烟，每亩 200～250 克，在傍晚进行，次日通风，每隔 7 天一次。

④发病初期开始喷洒霉特灵、腐霉剂、多霉灵等农药及时防治，每隔 7 天一次，连用 4～5 次。因灰霉病容易产生抗药性，要坚持"预防为主，综合防治"的方针，尽量采用农业措施防治，控制用药量和用药次数，农药必须轮换施用，以利于延缓抗药性产生，提高防效减轻损失。

93. 茄子褐纹病如何防治？

（1）**农业防治**　种子播前用 55℃温水浸种 20 分钟，或用福尔马林 300 倍液浸种 15 分钟，药液浸种后用清水漂洗，晾干备用；发病严重地块应与非茄科作物实行 3～5 年轮作；及时清除田间病残体，施足底肥，避免偏施氮肥；定植后在幼苗茎基部地面撒施草木灰或石灰粉，以减少茎部溃疡。

（2）**药剂防治**　结果前开始喷洒 1∶1∶200 波尔多液，或 75％百菌清可湿性粉剂 600 倍液，或 70％代森锰锌可湿性粉剂 400～500 倍液，或 58％甲霜灵锰锌可湿性粉剂 500 倍液，或 64％杀毒矾 M8 可湿性粉剂 500 倍液，或 50％多菌灵可湿性粉剂 800 倍液，或 35％碱式硫酸铜胶悬剂 500 倍液，视病情每隔 7～10 天喷一次，连续防治 3～4 次。喷药时要把茎（特别是茎基部）、叶、果喷布周到，采种田的地面也要适当喷药。

94. 大白菜莲座期有哪些病虫害？如何防治？

前期主要预防病毒病，苗期及时浇水降温，控制蚜虫等害虫的危害，在发生初期喷洒 20％病毒 A 可湿性粉剂 500 倍液或 1.5％植病灵乳剂 1 000 倍液防治；蚜虫在发生初期喷洒 10％吡虫啉可湿性粉剂 1 000～1 500 倍液防治；甘蓝夜蛾等青虫类害虫在 3 龄前夜间喷洒百草一号和 Bt 乳剂等生物农药防治。

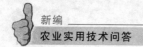

95. 怎么预防瓜类秧苗的枯萎病?

瓜类枯萎病的症状:种子发芽时得病,常在土壤中腐烂;幼苗发病,子叶萎蔫下垂,茎基部呈黄褐色,收缩折倒;大苗期发病,茎基部呈黄褐色,地上部先是衰弱发黄,类似缺氧症状,以后在中午萎蔫,早上又恢复,如此几天后植株死亡。凡是病苗,根部都出现腐烂,容易拔起。病株死后在土壤表面遍布粉红色霉菌,为病菌分生孢子。病原菌为真菌。

防治方法:

(1) 种子消毒

(2) 床土消毒

(3) 清除病株 拔除病株,遇发病秧苗应及时拔除,以防病菌传播。

(4) 药剂防治 如发现病株,可用50%多菌灵800~1 000倍液灌根或用重茬剂1号800~1 000倍液灌根防治。还可选用70%代森锰锌可湿性粉剂600倍液,或75%百菌清可湿性粉剂500倍液,或50%扑海因可湿性粉剂1 000倍液,或64%杀毒矾可湿性粉剂400倍液每周喷药一次,连续2~3次。

(5) 嫁接换根 这是目前瓜类栽培上防治枯萎病最有效的措施。

96. 蔬菜生产中蛴螬和蝼蛄危害越来越重,有什么好的防治方法?

(1) 蛴螬 蛴螬是金龟子的幼虫,在床土中危害萌发的种子,咬断幼苗的根和茎,其特点是断口整齐。虫咬的伤口不仅直接损伤秧苗,还容易引起病菌的侵入从而导致发病。蛴螬在土温5℃以下停止活动。土温较高,比较潮湿时活动频繁,土壤干燥时向较深的土层移动。

防治蛴螬可以采用下列方法：

①苗床土壤保持清洁，及时清除杂草，不堆放垃圾和有机肥料。

②床土使用前过筛，去除害虫，使用的肥料应进行腐熟发酵处理。

③苗床土壤湿度不宜过高。

④药剂防治：可用80％敌敌畏乳油兑水1 000倍或速灭杀丁兑水1 500倍浇灌床土表面。

（2）蝼蛄 蝼蛄的成虫或若虫均可危害秧苗。它们在床土中可以咬食刚刚播下的种子，咬断幼苗的嫩茎，或将幼苗茎基部咬破呈乱麻状，造成幼苗凋萎或发育不良。蝼蛄在土壤中活动造成的空洞常使秧苗的根系与土壤分离，造成秧苗失水干枯死亡。蝼蛄在8℃以上开始活动，12～18℃时为活动盛期。土壤潮湿，蝼蛄活动频繁，危害严重；土壤干旱，活动减弱。在温暖潮湿、腐殖质含量高的苗床中危害最为严重。蝼蛄的防治方法与蛴螬基本相同。由于蝼蛄能在地面活动，还可用毒饵诱杀。毒饵的制法：将糠、麸皮、豆饼等碾碎炒香，用敌百虫兑水100倍搅匀，于傍晚撒入苗床地表，即可毒死夜间觅食的蝼蛄。

97. 怎样对蔬菜生产上的蚜虫进行无公害防治？

蚜虫俗称腻虫、蜜虫，多以成蚜或若蚜群集在寄主叶背、嫩茎上刺吸寄主汁液，造成植株严重失水和营养不良。蚜虫群集幼叶常造成幼叶卷曲皱缩，颜色变黄，生长发育受阻，严重时幼苗萎蔫甚至枯死。蚜虫同时还分泌大量蜜露，污染叶片诱发煤污病，还会传播多种病毒，导致病毒病发生和蔓延。

无公害防治蚜虫重要措施：

①清除育苗场所及周边地区杂草与病残体，切断蚜虫中间寄主和栖息场所。育苗棚室门窗用防虫网，以阻止蚜虫侵入。

②黄板诱杀。在棚室内高出作物5～10厘米处悬挂黄板，诱杀

有翅蚜，每亩 25～30 块。

③利用蚜虫对银灰色的负趋性，地面铺银灰色反光膜或悬挂约 10 厘米宽银灰色反光膜条，驱避蚜虫。

④生物防治。利用蚜虫天敌草蛉、瓢虫、食蚜蝇、蜘蛛等捕食蚜虫，也可以用寄生蜂、蚜霉菌控制。

⑤药剂防治。用药剂熏蒸，每亩用 80％敌敌畏乳油 0.25～0.4 千克喷洒在锯末或稻草上，傍晚用暗火点燃；也可以用敌敌畏烟剂 0.35 千克熏烟。喷雾防治蚜虫可选用 50％抗蚜威可湿性粉剂 1 500～3 000 倍液，或 10％天王星乳油 3 000 倍液，或 2.5％功夫乳油 3 000～4 000 倍液，每 7 天喷药一次，连喷 2～3 次。

98. 蔬菜上白粉虱越来越多，应该怎么办？

白粉虱俗称小白蛾，以成虫和若虫群集叶背面吸食汁液，造成受害叶片褪绿变黄、萎蔫，严重时全株枯死。白粉虱危害时还分泌大量蜜露，污染叶片诱发煤污病，也能传播病毒。危害症状与蚜虫相似。

白粉虱的防治方法如下：

①彻底清除育苗温室内植株残体、杂草，并用敌敌畏烟剂熏杀，温室门窗、通风口用防虫网隔离。

②张挂镀铝反光幕趋避白粉虱，或用黄板诱杀成虫。

③药剂防治。发生初期及时喷药，可选用 25％扑虱灵乳油 2 000 倍液，或 20％灭扫利乳油 3 000～4 000 倍液，或 20％杀灭菊酯乳油 4 000～5 000 倍液；也可用 22％敌敌畏烟剂每亩 0.35～0.5 千克熏烟，或 80％敌敌畏乳油 6～7.5 千克喷洒锯末后点燃熏蒸，5～7 天一次，连熏 2～3 次。

④懒汉施药法，即穴灌施药，用强内吸杀虫剂 25％阿克泰水分散粒剂，在蔬菜移栽前 2～3 天，以 1 500～2 500 倍液进行喷淋幼苗，使药液除叶片以外还要渗透到土壤中。持续有效期可达 20～

30 天。

99. 如何防治黄瓜、甜瓜的霜霉病？

霜霉病是黄瓜、甜瓜全生育期均可以感染的病害，主要危害叶片。其病斑受叶脉限制多呈多角形浅褐色或黄褐色斑块，从而成为非常容易诊断的病害。叶片感病以后，叶缘、叶背出现水渍状病斑，逐渐扩展，受叶脉限制扩大后呈现大块状黄褐色角斑。湿度大时叶背长出灰黑色霉层，结成大块病斑后会迅速干枯。

防治方法：

（1）选用抗病品种 通过种植抗病品种，能够有效减轻危害。

（2）农业防治 清洁田园，切断越冬病残体组织传病，合理密植，高垄栽培、控制湿度是关键。地膜下渗浇小水或滴灌，节水保温，以利降低棚内湿度。清晨尽可能早的放风——放湿气，尽快进行湿度置换。放湿气时棚内雾气明显外流减少后即关风口以利迅速提高棚内温度。主要氮、磷、钾肥均衡施用，育苗时苗床土必须进行消毒和药剂处理。

（3）药剂防治 发现中心病株以前，可采用75%达科宁可湿性粉剂 600 倍液，或 25%阿米西达悬浮剂 1 500 倍液，或 80%大生可湿性粉剂 500 倍液喷雾。发现中心病株后立即全面喷药，并及时清除病叶带出棚外烧毁。普遍发生时可选择 68%金雷水分散粒剂 500~600 倍液，或加入 25%阿米西达悬浮剂 1 500 倍液治疗、预防同步进行，或 72%克抗灵、72%霜疫清可湿性粉剂 700 倍液，或 64%杀毒矾可湿性粉剂 500 倍液，或 69%安克可湿性粉剂 600 倍液，或 72.2%普力克水剂 800 倍液喷雾。

100. 黄瓜细菌性角斑病怎么预防呢？

该病害为细菌性病害，主要危害叶片、叶柄和幼瓜，整个生育

期均可以发病。苗期感病子叶呈水渍状黄色凹陷斑点，叶片感病初期叶背为浅绿色水渍状斑，逐渐变成浅褐色病斑，病斑受叶脉限制呈多角形，这是与霜霉病症状容易混淆之处。但是细菌性角斑病感染后病斑逐渐变灰褐色，棚室温湿度大时，叶背面会有白色菌脓溢出，干燥后病斑部位脆裂穿孔，这是区别于霜霉病的主要特征。

防治方法：

(1) 选用耐病品种 如津绿系列等。

(2) 农业措施 清除病株和病残体并烧毁，病穴撒入生石灰消毒。采用高垄栽培，严格控制阴天带露水或潮湿条件下的整枝、绑蔓等农事操作。

(3) 种子消毒 温汤浸种，55℃温水浸种30分钟，或每千克种子用硫酸链霉素200毫克，浸种2小时。

(4) 药剂防治 预防可选用47％加瑞农可湿性粉剂800倍液，或77％可杀得可湿性粉剂500倍液，或27.12％铜高尚悬浮剂800倍液喷施或灌根。每亩用3～4千克硫酸铜撒施后浇水处理土壤可以预防细菌性病害。

101. 黄瓜疫病、炭疽病怎么区分和防治？

黄瓜疫病主要侵染叶、茎、果实。叶片典型症状是形成暗绿色水渍状圆形大病斑。子叶染病后，病斑凹陷，有浅褐色斑点，叶片病斑干枯初期呈青色，后期呈浅褐色，多薄微透明，高温干燥环境下病斑易破裂。幼瓜感染病菌后，初为水渍状暗绿色，逐渐缢缩凹陷，表面长出稀疏白霉层，腐烂，有臭味。

黄瓜炭疽病主要侵染叶片、幼瓜，苗期到成株期均可发病。典型病斑为圆形，初呈浅灰色，高湿条件下病斑呈圆形、椭圆形黄褐色，后期为红褐色。幼苗期发病，近地面部位变黄褐色，逐渐缢缩，致使幼苗折倒。瓜条染病后，病斑呈圆形，稍凹陷，初期浅绿色后期暗褐色，病斑表面有粉红色黏稠物。

防治方法：

（1）农业防治 除选用抗病品种、轮作倒茬、土壤处理、种子包衣等相同的农事操作进行预防外，采用嫁接育苗可以较好地预防黄瓜疫病。进行高畦栽培，避免积水，棚室栽培采用膜下暗灌、滴灌，空气湿度不宜过大，发现中心病株及时拔除深埋。

（2）加强管理 控制棚内温湿度，注意通风，不长时间闷棚等措施均有很好的预防黄瓜疫病的效果。预防黄瓜炭疽病，除通风排湿气、避免叶片结露和吐水珠外，进行地膜覆盖、采用滴灌降低湿度，可以减少发病机会；坚持在晴天进行农事操作，避免阴天整枝、绑蔓、采收等，避免因人为传染病害。

（3）药剂防治 治疗疫病可用80%大生可湿性粉剂500倍液，或69%安克可湿性粉剂600倍液，或72.2%普力克水剂800倍液，或克抗灵800倍液喷施。茎基部感病可用68%金雷500倍液喷淋或涂抹病部，尤其是感病植株茎秆以涂抹病部效果更好。防治炭疽病除用大生、达科宁外，也可采用70%品润干悬浮剂600倍液，或25%凯润乳油1 500倍液，或6%乐比耕可湿性粉剂1 500倍液喷雾。

102. 甜瓜白粉病如何防治？

甜瓜全生育期均可感染白粉病，主要感染叶片，发病重时感染枝干、茎蔓。发病初期主要在叶面长有稀疏白色霉层，逐渐叶面霉层变厚形成浓密的白色圆斑。发病后期叶片变黄坏死。

防治方法：

（1）农业防治 适当增施磷、钾肥和生物菌肥；加强田间管理，降低湿度，增强通风透光；收获后及时清除病残体，并进行土壤消毒。棚室应及时进行硫黄熏蒸灭菌和对地表进行药剂处理。

（2）药剂防治 采用25%阿米西达悬浮剂1 500倍液预防，也可选用75%达科宁可湿性粉剂600倍液，或10%世高水分散粒剂2 500~3 000倍液，或32.5%苯醚甲环唑醚菌酯悬浮剂1 500倍液，或80%大生可湿性粉剂600倍液，或43%菌力克悬浮剂3 000

倍液，或 2％加收米水剂 400 倍液喷雾防治。

103. 如何正确使用温室烟雾剂防病？

棚室蔬菜使用烟雾剂防治病虫害，具有简便易行、省工、省钱、效果好等突出优点，因而深受广大菜农欢迎，现已成为冬春棚室蔬菜防治病虫害的一种主要方法。正确使用烟雾剂防病的方法如下：

（1）**正确选择烟雾剂**　要根据病虫害的种类选择适宜的药剂品种。如黄瓜、番茄、韭菜等定植前，选用 30％百菌清烟雾剂熏烟，可预防前期的霜霉病、灰霉病、早疫病；当黄瓜、番茄等发生叶霉病时，宜选用 10％速克灵烟雾剂熏烟防治；防治蚜虫、白粉虱等虫害，可选用 22％敌敌畏烟雾剂熏烟；若同时发生多种病虫害，则需要选择复合型烟雾剂。药剂一定选用正规厂家的小包装产品，以每包重量 40～50 克为宜，这样使用时可省去大包装分装的麻烦。烟雾剂不能稀释成溶液使用，如喷雾或灌根等。

（2）**燃放前棚室要密封，燃放时间要正确**　使用烟剂前要仔细检查整个棚室的封闭情况，修补好棚膜漏洞和缝隙，封闭通风口，确保整个棚室密封不透气。

（3）**严格掌握用药量**　根据棚室空间的大小，烟雾剂有效成分含量和作物不同生育期，合理确定用药量。棚室高大用药量应多，反之用药量应少；烟雾剂有效成分含量高的用药量应少，反之则应增加用药量；作物生长前期，由于幼苗柔嫩，抗药性差，易发生药害，用药量应酌情减少。施药宜在病虫害初发期进行，若病虫害发生较重时，应连续用药 2～3 次，施药间隔期 5～7 天。

（4）**施药操作要规范**　要选择靠棚室北墙的走道处摆放药剂，药剂不要靠近作物，避免燃放时发生药害。因棚室土壤湿度大，要将药剂放在干燥的砖瓦上。燃放点要均匀，一般每亩设 4～5 个燃放点，由里向外依次用暗火点燃，全部点燃后，迅速离开现场，封闭棚室。经过 12 小时熏蒸，打开棚室通风后，人员才能进入棚室作业。

104. 如何既能控制韭菜杂草，又能保证安全生产？

韭菜对乙草胺较敏感，不宜使用乙草胺进行土壤封闭处理。韭菜播种后出苗前，可以使用扑草净、二甲戊灵、仲丁灵进行土壤封闭处理。其中，扑草净主要用于防除阔叶杂草，二甲戊灵、仲丁灵可用于防除禾本科杂草和部分阔叶杂草。可以根据田间草相有针对性地选用。

韭菜生长期间，可以使用精喹禾灵、高效氟吡甲禾灵等茎叶处理剂防除禾本科杂草，对韭菜安全。有资料介绍，辛酰溴苯腈能防除韭菜田里的阔叶杂草，但使用不当可能造成触杀型药斑，大面积用药前应先进行小面积试验，以确保安全。

105. 怎样防治西瓜枯萎病？

首先抓好农业防治，主要措施为：

①选择抗病品种。种植抗病西瓜品种是首选措施，如选用西农8号、丰抗8号等品种。

②嫁接栽培。由于西瓜枯萎病病菌难以侵染葫芦、瓠瓜、南瓜等，以这些作物为砧木进行嫁接换根，这种方法是解决西瓜枯萎病的较好途径。

③种子处理。用漂白粉2%～4%溶液浸泡30分钟后捞出并清洗干净，可杀死种子表面的枯萎病病菌及炭疽病病菌。

④慎用育苗土。育苗用的营养土应选用塘土、稻田土或墙土，禁用瓜田土或菜园土，农家肥要充分腐熟，不用带有病株残体的农家肥。

其次，开展综合防治，主要措施是嫁接换根，用葫芦或新土佐等高抗枯萎病的葫芦科作物作砧木嫁接西瓜品种，只要注意彻底断掉西瓜根，幼苗栽植时，不使嫁接口部位与土壤接触，就会有效地防止西瓜枯萎病的发生。

对没有嫁接的自根苗西瓜，要坚持"预防为主，综合防治"的

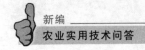

植保方针，认真抓好农业防治、化学防治等综合防治措施。

再次，实施药剂防治，主要措施如下：

①发病初期，可用杀菌农药药液灌窝。用2.5%适乐时悬浮剂200倍液，或30%甲霜噁霉灵600倍液，或38%噁霜嘧铜菌酯800倍液，或4%农抗120（嘧啶核苷类抗菌素）水剂500倍液，或高锰酸钾1 300倍液，或50%苯来特可湿性粉剂500～1 000倍液，或50%琥胶肥酸铜可湿性粉剂500倍液，或10%双效灵水剂200倍液，或50%多菌灵可湿性粉剂500倍液，或50%苯菌灵可湿性粉剂100倍液，或50%代森铵水剂1 000～1 500倍液，或40%拌种双粉剂400倍悬浮液灌根。每株灌药液0.4～0.5千克。

②在坐果前喷洒果宝或细胞分裂素，可促进生长发育，增强抗病力。坐果初期喷洒10%双效灵水剂200倍液，或2.5%适乐时乳油100倍液，或高科30%甲霜噁霉灵600倍液，或38%噁霜嘧铜菌酯800倍液，或50%苯菌灵可湿性粉剂800～1 000倍液，或40%多硫悬浮剂或40%拌种双粉剂300倍悬浮液加黄腐酸4 000倍液，或50%多菌灵可湿性粉剂1 000倍液加15%粉锈宁可湿性粉剂4 000倍液，或用施保克加多菌灵或甲基托布津按9：1混合后1 000倍液，防效更好。每隔10天喷一次，连喷2～3次，亩喷60千克，在晴天下午进行，以防日灼。

106. 大棚西瓜怎样进行病虫害防治？

大棚西瓜生长期主要害虫为蚜虫，为防治蚜虫，可在定植前于苗床先喷吡虫啉，膨瓜盛期，棚内蔓叶茂盛，空气流通较差，蚜虫发生较重，必须注意严密打药防治。主要病害有白粉病，应及早防治。膨瓜期应开始防治炭疽病，在生长中后期注意加强通风和降低棚内空气湿度，可大大减轻西瓜病害。大棚西瓜特别是支架栽培，由于西瓜果实处于良好保护条件下，受光良好，因而果形端正，皮色鲜艳，无阴阳面，可生产出高档的西瓜。

107. 保护地甘蓝易发生哪几种病害？如何进行防治？

保护地甘蓝容易发生黑腐病、软腐病、病毒病及霜霉病。

(1) 黑腐病 可实行 2～3 年轮作。在发病初期应及时拔除病株并用 30%代森铵 1 000 倍液喷施。

(2) 软腐病 避免与茄科、瓜类及其他寄生作物连作；及时防止跳甲、菜蛾等害虫，减少伤口；高畦种植，避免田间渍水；发病初期及时拔除病株，并在病穴及四周撒少许熟石灰；用链霉素 200 毫克/升或敌克松 500～1 000 倍液，每 7～10 天喷施一次。

(3) 病毒病 选择抗病品种；适期播种，高温期注意适当降温，培育无病壮苗；苗期及时防治蚜虫。

(4) 霜霉病 选用抗病品种；收获后应注意清除病残体；合理密植，加强水肥管理，降低田间湿度，增强植株抗病力；用 25%甲霜灵可湿性粉剂 600 倍液、64%噁霜·锰锌可湿性粉剂 500 倍液等药剂喷雾。

108. 辣椒定植后几天，茎基部发生褐色病斑，缢缩，植株已出现 10% 左右的死棵，是什么病，怎样防治？

这是辣椒茎基腐病，而且发病相当严重，应立即采取措施灌根防治。方法是：53%金雷多米尔 50 克兑水 15 千克或 25%甲霜灵 500 倍液进行灌根，应在 10 天左右再灌根一次。

109. 辣椒秸秆上变色腐烂是什么病？

辣椒秸秆腐烂，色较浅，灰黄色，不生霉毛，软腐状的是细菌性软腐病，应该用链霉素或铜制剂防治。辣椒秸秆腐烂、色较浅生白毛的是菌核病，可喷用农利灵或多霉清或异菌脲防治。辣椒秸秆腐烂，黑褐色不生霉毛的是疫病，可用霜霉威或安克锰锌防治。

110. 辣椒叶片上出现一些黑褐色斑点，有的近圆形或不规则形，这是什么病？怎样防治？

这是辣椒细菌性叶斑病。浇水后遇到阴雨天，温度低，湿度大，易发病。请注意保温、排湿，发病初期可用77%可杀得500倍液喷雾防治。

111. 辣椒从茎基部近地面处烂表皮，只剩下茎秆，这是什么病？用什么药防治好？

这是菌核病。病菌在土壤中随流水传播。浇水后地湿发病重。此病一般不连片，个别植株死棵。发病后可用霉唑啶500倍液，或其他防治灰霉病的药兼治菌核病，直接喷洒根部。

112. 辣椒得了疫病，该用什么药治疗？

辣椒疫病的典型症状是茎秆水烂，变为黑色，个别叶片以叶边向内水烂，湿度大时产生稀疏白毛。辣椒疫病可用58%甲霜灵锰锌、64%杀毒矾或50%烯酰吗啉可湿性粉剂600倍液，喷雾防治。

113. 辣椒移栽前*10*天左右，主侧根发生腐烂，根结处黄褐色腐烂，茎基部发黑，死棵很严重，怎样防治？

这种情况属于辣椒根腐病、茎基腐病、疫病同时发生。一般农药无法取得很好的防治效果。在死棵较少、症状较轻的情况下，可用金雷（精甲霜灵·锰锌）35克，混加适乐时10毫升，兑水15千克灌根一次；如果综合性的症状较多，死棵又很严重时，可用金雷35克加普力克10毫升，再混加苯醚甲环唑（世高）10毫升兑水 15 千克灌根，每株灌药液 100～150 克。

114. 辣椒死棵严重，主根的根尖部位发黑腐烂，是什么病？用什么药剂防治效果好？

此类病害为根腐病。以疫霉根腐病和腐霉根腐病居多，单一用药灌根效果不好。主要防治措施有以下几种：①甲霜锰锌（金雷）50克加咯菌腈（适乐时）10毫升，兑水 15 千克灌根。②双炔酰菌胺（瑞凡）10毫升加苯醚甲环唑（世高）10～15 克，兑水 15 千克灌根。③精甲霜锰锌（金雷）50 克加 50% 多菌灵 20 克，兑水 15 千克灌根。上述方法可轮换使用，连续灌根 2～3 次，防效达 96% 以上。

115. 辣椒黑根死苗是什么病？怎么防治？

辣椒黑根一般是由疫霉菌引起的根腐病，属土传病害，严重时可造成死苗和死棵。防治时可采用金雷（精甲霜锰锌）或普力克600～700 倍液灌根。如混配适乐时（咯菌腈）1 000 倍液或世高（苯醚甲环唑）1 000 倍液，防治效果更好。

116. 辣椒叶片背面发生白色粉状物，是不是得了霜霉病？如何防治？

这是白粉病，不是霜霉病。辣椒的霜霉病与白粉病都是以危害叶片为主。霜霉病在染病初期叶片正面病斑呈浅绿色，且受叶脉限制，而白粉病在染病初期，病叶正面出现褪绿色小黄点，后来逐渐扩展为边缘不明显的褪绿色黄色斑驳，不受叶面限制，没有规则。危害严重时，霜霉病会在叶片背面形成稀疏的白色霉层，病叶变脆变厚，并上卷，在叶柄处染病呈褐色水渍状，而辣椒白粉病背面产生的是白色粉状物，而不是霉层，并且病斑密布，严重时全叶变黄脱落，严重影响辣椒的产量及品质。

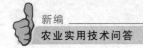

辣椒霜霉病发病适温为 20～24℃，空气湿度大于 85％的情况下发病严重，而白粉病是在 15～28℃，忽干忽湿的情况下发病严重，可通过棚内温湿度条件判断辣椒得的是哪种病害。

辣椒霜霉病，可用 72.2％霜霉威盐酸盐 600 倍液混合 25％甲霜灵 800 倍液、58％瑞毒锰锌 500 倍液、72％霜疫清 500 倍液、72.2％普力克 800 倍液喷雾；辣椒白粉病，可用 10％世高 1 000 倍液混合 75％百菌清 500 倍液进行防治，下午喷洒，隔 5～7 天喷一次，连续 2～3 次，效果较好。

117. 辣椒茎秆发生变色的条斑是病毒病还是疫病？两者有什么区别？如何进行防治？

辣椒病毒病和疫病都可导致条斑发生，但有着明显的区别。

（1）条斑病毒病在茎秆上产生的条斑多在植株上部，生长点以下多见，不烂不明显。没有明显的侵入点，条斑发展较缓慢，果实上也会发生黄褐色长短不等的条纹。

（2）辣椒疫病大多表现为从茎基部或分叉处、果柄处入侵，可使茎秆周围变深褐色。上部死亡干枯，发病迅速而严重，多有叶片或果实水渍状腐烂。

防治技术：病毒病防治可采用叶面喷用病毒 A 加宁南霉素，每 7～10 天一次，连续防治 2～3 次；辣椒疫病则采用氟吗啉或烯酰锰锌或霜霉威进行喷雾防治。

118. 辣椒病毒病应该怎样防治？

辣椒病毒病的传播主要依靠害虫传播和人为传播，虫害主要是蚜虫、粉虱、蓟马、叶蝉等，人为传播主要是田间劳作，通过整枝、摘果等活动造成，植株上没有伤口，病毒是无法侵染的。病毒病只能预防，目前没有有效药物对其进行治疗。应明确"治虫防病"的理念，控制害虫危害，进而达到预防病毒病危害的目的。对上述各种害虫可选用阿克泰、吡虫啉、啶虫脒、阿维菌素等进行防治，虫害达到防治指标后，要及时喷雾防治。同时，辣椒整枝后要及时喷施盐酸吗啉胍铜、宁南霉素、病毒酰胺中的一种。在发现病毒植株时，少量的可及时拔除，量大时要及时喷施以上药物防治，可混配 2～3 种药剂，连续防治 3～5 次。

119. 辣椒秆上发现有烂斑，有小有大，多从分杈处、叶柄处发生。一种是黑色，不生毛，也不湿，上边叶片枯干了；另外一种色浅，病斑湿，像脓一样，当病斑持续一周后枝枯干，这分别是什么病害？怎么治？

这两种病害分别是疫病和软腐病。

（1）疫病的症状特点及防治药剂　疫病属于真菌性病害，多从叶柄处、枝杈部位发生，色深褐色斑，不长霉毛，病斑较干燥，可发生快，传播快。可喷用普立克 600 倍液或灭克 900 倍液防治。

（2）软腐病的症状特点及防治方法　软腐病属于细菌性病害，辣椒感染软腐病后，受杂菌影响，病部出现脓状分泌物，并伴有腐臭味道。软腐病可采用喷用铜制剂配合链霉素防治。也可用普立克加 DT600 倍液进行防治，一般 5～7 天喷施一次，连喷 2 次。

120. 西瓜病毒病如何防治？

每年的 5～6 月，由于人们忙于夏收夏种而忽视了对瓜田的管理，再加上气温升高，西瓜病毒病一般发生较重。在田间管理上可采取以下措施，以预防病毒病的发生。

（1）防治蚜虫　及时喷药防治蚜虫，阻断病毒病传播的途径。喷药时要喷匀喷透，沟边、地头都要喷施，每隔 7 天喷一次，连喷 2～3 次。

（2）水肥管理　加强田间管理，增施磷肥和钾肥，并适时浇

水，促使瓜苗生长健壮，提高植株抗病能力。同时，还要叶面喷施0.1%硫酸锌溶液。

(3) 喷药防治　田间发现病株要及时拔除，减少传染源，并叶面喷洒 20%病毒 A 可湿性粉剂 500 倍液或 1.5%植病灵 1 000 倍液，每隔 5～7 天喷一次，连喷 3 次。

121. 西瓜蔓枯病有哪些症状？如何进行科学防治？

西瓜蔓枯病是西瓜生产中的一种主要病害，其危害程度仅次于西瓜疫病。

(1) 症状特点　西瓜整个生育期地上部均可发病，主要危害瓜蔓、叶片和果实，引起叶、蔓枯死和果实腐烂。成株发病多见于茎蔓基部分枝处，病斑初为水渍状，表皮淡黄色，后变灰色到深灰色，其上密生小黑粒点，发病后期病部溢出琥珀色胶状物（俗称流黄水），干后为赤褐色小硬块，表皮纵裂脱落，潮湿时表皮腐烂，露出维管束，呈麻丝状。叶部发病多从叶缘开始，产生 V 形或半圆形黄褐色至深褐色大病斑，多具或明或隐的轮纹，其上产生小黑粒点，病斑易干枯破碎。

(2) 防治方法

①选用抗病品种。抗病性较好的品种有京欣、科诚、新农宝、郑抗等。

②农业防治。

A. 与大田作物（禾本科等作物较好）或非瓜类蔬菜作物实行 3～5 年轮作可减轻蔓枯病的发生。

B. 由于高温高湿、种植过密易发病，因此应选地势高、排水好、肥沃的沙质壤土地块种植，实行垄作栽培。

C. 及时修剪植株，保证通风透光良好。

D. 施足基肥，氮、磷、钾肥配合施用。

E. 及时排除田间积水，创造不利于病害发生的环境条件。

F. 植株发病后及时清除病株，收获后彻底清理田园植株残体及杂草，并集中深埋销毁，加强田园卫生，从而减少田间及越冬病原菌数量。

③物理防治。

A. 强光曝晒和高温消毒。将种子置于阳光下曝晒，每隔 2 小时翻动一次；将曝晒好的种子放入容器中，加入 80～90℃的水，搅拌 5 秒，然后加入凉水将温度降到 50～60℃。

B. 温汤浸种。将种子放入 55℃温水中浸泡 20 分钟后晾干直播。

④化学防治。

A. 苗床土壤处理。用 50％多菌灵可湿性粉剂或 70％甲基托布津可湿性粉剂进行苗床土壤处理可预防蔓枯病。

B. 灌根防治。苗期四叶龄前用 10％世高水分散颗粒剂 1 200 倍液，或 75％敌克松可溶性粉剂 1 000 倍液灌根，每株灌 200～300 毫升。

C. 喷雾防治。在移栽前 3～5 天用 36％粉霉灵悬浮剂兑水喷雾，或用 20％施宝灵乳油 2 000 倍液喷洒苗床，带药移栽，均可减轻大田前期发病。

发病初期 10％世高水分散颗粒剂 1 500 倍液，或 75％百菌清可湿性粉剂 600 倍液，或 70％甲基托布津可湿性粉剂 600～800 倍液，或 50％多菌灵可湿性粉剂 500 倍液喷雾，每隔 5～7 天喷一次，连喷 2～3 次，重点喷施植株中下部。蔓枯病病菌一般从整蔓后留下的伤口和裂蔓伤口侵入。因此，整蔓后及时对伤口及蔓部喷药至关重要。病害严重时，可用上述药剂使用量加倍后涂抹病茎，一般涂抹在流胶处，可促进伤口愈合。

四、测土配方施肥
技术问答

（一）作物营养、土壤性质与施肥基础知识问答

1. 作物需要哪些营养元素？

作物从种子发芽到最后成熟的整个生长发育过程中，除需要阳光、空气、水分、温度等基础条件之外，还需要多种营养元素。目前确定的有17种，它们是碳、氢、氧、氮、磷、钾、钙、镁、硫、铁、锰、锌、铜、钼、硼、氯、镍。其中碳、氢、氧、氮、磷、钾、钙、镁、硫占作物干物质重的百分之几到千分之几，称为大中量营养元素，简称大中量元素；铁、锰、铜、锌、钼、硼、氯等含量占作物干物重的万分之几到十万分之几，甚至更低，这些称为微量营养元素，简称微量元素。

2. 营养元素之间能不能互相代替？

作物所需要的营养元素，在作物体内的含量差别，可达十倍、千倍甚至数百万倍，但是不管数量多少，都是同等重要的，不能互相代替，这是"各种营养元素同等重要与不可代替律"。例如作物缺氮，生长缓慢，老叶黄化，除施用氮肥外，施用其他任何肥料都不能减轻这种症状。

3. 不同作物需要的营养元素有什么区别？

不同作物之间，需要营养元素的区别主要在于数量、比例、时期以及对某些特殊元素的需求方面。同一作物不同品种，需要养分的数量与比例也不相同，这是由作物的遗传基因不同造成的。某些作物还需要一些特殊的元素，如水稻需硅、大豆需钴等。

4. 作物叶部为什么能吸收养分？与施肥有什么关系？

喷在叶面上的肥料可以通过气孔和叶片角质层细胞壁，再通过原生质膜进入细胞内部。叶片能够吸收养分，为施肥提供了一种新的方式，这就是叶面施肥。叶面施肥的优点：一是养分利用率高，吸收运转快，节省肥料；二是解决土壤对养分吸附固定使养分有效性降低的矛盾；三是表土水分缺乏，肥料无法从根部吸收，叶面施肥可以作为补救措施；四是作物生长后期，老化，活力下降，养分吸收减少，叶面施肥可以补充作物对养分的需求；五是叶面施肥可以改善农产品品质。

5. 作物不同生育阶段吸收养分有什么区别？

作物在不同生育期阶段，对营养元素需要的数量、浓度和比例有不同的要求。作物不同生育阶段吸收养分的规律是：生长初期吸收的数量较低，随着时间的推移，对养分的吸收量逐渐增加，到成熟期又趋于减少。不同作物吸收养分的数量、比例也不相同。小麦、水稻、玉米等单子叶作物，养分吸收高峰在拔节期，开花期则有所下降；而双子叶作物如棉花等，吸收养分高峰在初花盛花期。必须根据作物不同生育阶段，吸收养分的特性，确定施肥数量、比例，以满足作物需求。

6. 什么是作物营养临界期和最大效率期？与施肥有什么关系？

作物营养临界期，是指某种养分缺少或过多时，对作物生育影响最大的时期。在这个时期内，作物因某种养分缺少或过多而受到的损失，即使以后该养分供应正常时，也难以补救。作物营养最大效率期，是指某种养分能发挥其最大增产效能的时期。在这个时期作物对某种养分的需要量和吸收量都是最多的，这个时期也正是作物生长最旺盛的时期，吸收养分能力特别强，如能及时满足作物养分的需要，其增产效果非常显著。

7. 不同土壤施用同样肥料，效果为什么不同？

不同土壤有效养分含量不同，施肥效果也不同。肥沃、有效养分含量高的土壤，施肥效果差；有效养分含量低的土壤，施肥效果好；保肥性、供肥性好的土壤，肥料施入后不易损失，利用率高，容易发挥肥效；保肥和供肥性差的土壤，肥料施入后易损失，或者吸附、固定成迟效状态。不同土壤酸碱性不同，一方面影响作物在土壤上的生长发育；另一方面对肥料的有效性产生影响，直接反映到施肥的增产效果。例如速效磷肥，施在过酸或过碱的土壤上，易转化成植物难以吸收的迟效磷，影响磷肥的当季施用效果。

8. 同种肥料施在不同深度，效果为什么不同？

不同作物根系发育程度不同，即使同一作物不同生长期，根系在土层中分布的深度也不相同。合理施肥应该将肥料大部分施在根系密集的层次，施在根系活力最强的部位，这样有利于作物吸收。小麦、水稻的根系主要分布在0～20厘米土层内，而棉花的根系大多分布在10～40厘米土层中，因此同种肥料对不同作物应施在不同深度。

9. 不同气候条件，施同种肥料，效果为什么不同？

作物生长状况以及施肥效果，与气候条件有密切关系。不同气候条件下，气温和地温大不相同，不仅直接影响作物生长、根系发育，也影响土壤中肥料的转化以及根系对肥料的吸收速度和数量。如水稻适宜土温为 30～32℃，棉花适宜土温为 28～30℃，玉米适宜为 25～30℃。降水量不同，土壤水分差异较大，不仅直接影响作物根系发育，而且影响根系对养分的吸收。气候条件对施肥的影响是复杂的，合理施肥不仅要了解作物的营养生理特性，而且还要和外界环境条件结合起来，提高施肥的施用效果。

10. 氮肥施用过量，为什么有害？

在作物生长期，氮肥施用过量，会使作物出现疯长，贪青晚熟，容易倒伏并招致病虫害侵袭，最终导致空秕率增加，千粒重下降，产量降低。过量施氮，氮素在土壤中由于硝化作用，会转变成硝酸盐，硝酸盐在一定条件下会形成亚硝胺，而亚硝胺是致癌物质，对人类健康和环境都不利。

11. 地会不会越种越"馋"？

农民常说，土地和人一样，越种越"馋"，上一年施多少肥，获得多少产量，第二年还施同等的肥量，产量会下降，必须提高施肥量，才能维持原来的产量。从某种意义上说，这种认识有一定道理，而这个道理不是因为土"馋"造成的，而是由于作物收获后带走了部分养分，造成了土壤肥力的耗竭，必须及时加以科学补充。因此要通过土壤测验知道作物收获后，土地还有多少"家底"，什么营养够用，什么肥分缺乏，采取

"对症下药"，缺什么补什么，缺多少补多少，做到配方施肥或平衡施肥，这样才能实现节省肥料、增加产量、提高经济效益的目的。

12. 合理施肥要掌握哪些原则？

施肥是农作物增产的重要手段之一，施肥是否合理，应该从农作物生态环境，从大农业的观点综合考虑。合理施肥应该掌握以下4个基本原则：①提高作物（包括果树、蔬菜等）的产量和品质；②提高土壤肥力，用地养地结合；③增加经济效益与社会效益；④不污染土壤、水质和作物。

13. 不合理施肥对农产品品质有什么影响？

不合理施用肥料直接影响农产品的营养品质（如蛋白质、氨基酸、维生素和矿物质含量）、卫生品质（即对人体健康产生不良影响的指标，如重金属汞、铅、铬、镉、砷等有毒元素，硝酸盐、亚硝酸盐及有害微生物大肠杆菌、沙门氏杆菌等），感官品质（外形、色、香、味等）和储藏品质。由于氮肥的不合理利用，往往导致硝酸盐在蔬菜、水果中累积从而进入人体，并在细菌作用下还原成亚硝酸盐，亚硝酸盐还可产生次级反应，形成强力致癌物——亚硝胺，诱发消化系统癌变；由于重金属在环境中的移动性差，不能或不易被生物体分解后排出体外，只能沿着食物链逐级传递，在生物体内浓缩放大，当累积到较高含量时就会对生物体产生毒性效应；不合理施肥将会造成作物营养比例失调，影响其正常生长发育及产品的营养品质，表现为瓜果畸形，口感不佳，含糖量低，适口性差，储藏性能不良；同时，由于作物营养失调，造成生理病害加剧，间接导致农药用量不断增加，形成恶性循环。

（二）测土配方施肥的原理与方法问答

14. 为什么要开展测土配方施肥？

长期以来，我国农村盲目施肥、过量施肥现象普遍。不仅造成农业生产成本增加，而且带来严重的环境污染，威胁农产品质量安全。特别是由于化肥价格持续上涨，直接影响春耕生产和农民增收。开展测土配方施肥是提高农业综合生产能力、促进粮食增产、农民增收的重大举措。组织实施好测土配方施肥，对于提高粮食单产、降低生产成本、实现粮食稳定增产和农民持续增收具有重要的现实意义，对于提高肥料利用率、减少肥料浪费、保护农业生态环境、保证农产品质量安全、实现农业可持续发展具有深远影响。

15. 测土配方施肥的理论依据是什么？

配方施肥主要的理论依据有：①养分归还学说；②最小养分律；③各种营养元素同等重要与不可替代律；④肥料效应报酬递减律；⑤生产因子的综合作用。

16. 什么是养分归还学说？

种植农作物每年带走大量的土壤养分，土壤虽是个巨大的养分库，但并不是取之不尽的，必须通过施肥的方式，把某些作物带走的养分"归还"于土壤，才能保持土壤有足够的养分供应容量和强度。我国每年以大量化肥投入农田，主要是以氮、磷两大营养元素为主，而钾素和微量养分元素归还不足。

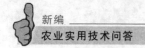

17. 什么是最小养分律？

植物生长发育要吸收各种养分，但是决定作物产量的却是土壤中含量最小的养分，产量也在一定限度内随这个因素的增减而相对地变化。因而忽视这个限制因素的存在，即使较多地增加其他养分也难以再提高作物产量。养分最小律也称为水桶定律。

18. 什么是报酬递减率？

报酬递减率是指施肥与产量之间的关系是在其他技术条件相对稳定的前提下，随着施肥量的逐渐增加，作物产量也随之增加，但作物的增产量却随着施肥量的增加而逐渐递减。当施肥量超过一定限度后，如再增加施肥量，不仅不能增加产量，反而会造成减产。

19. 什么是各种营养元素同等重要与不可替代律？

植物所必需的 17 种营养元素，不论它们在植物体内的含量多少，均具有各自的生理功能，它们各自的营养作用都是同等重要的。每一种营养元素具有其特殊的生理功能，是其他元素不能代替的。

20. 测土配方施肥有几种方法？

各地推广的测土配方施肥方法归纳起来有三大类六种方法：第一类是地力分区（级）配方法；第二类是目标产量配方法，包括养分平衡法和地力差减法；第三类是田间试验法，包括肥料效应函数法、养分丰缺指标法、氮磷钾比例法。

21. 什么是地力分区（级）配方法？

地力分区（级）配方法，是利用土壤普查、耕地地力调查和当地田间试验资料，将土壤按肥力高低分成若干等级，或划出一个肥力均等的田片，作为一个配方区。再应用资料和田间试验成果，结合当地的耕作制度、施肥经验，计算出这一配方区内，比较适宜的肥料种类、其施用量及合理的使用方法。

22. 什么是目标产量配方法？

目标产量配方法是根据作物产量的构成，由土壤本身和施肥两个方面供给养分的原理来计算肥料的用量。先确定目标产量，以及为达到这个产量所需要的养分数量，再计算作物除土壤所供给的养分外，需要补充的养分数量，最后确定施用多少肥料。包括养分平衡法和地力差减法。

23. 什么是田间试验法？

田间试验法是通过简单的单一对比，或应用较复杂的正交、回归等试验设计，进行多点田间试验，从而选出最优处理，确定肥料施用量。

24. 配方施肥实施的步骤有哪些？

开展测土配方施肥主要有以下几项工作：

（1）收集土壤养分数据，获取施肥参数 已完成耕地地力调查与质量评价工作的农田要进一步系统汇总分析土壤有机质、全氮、速效氮、有效磷、速效钾、pH 及中、微量元素含量等土壤理化性状数据，确定土壤供肥能力基础参数。未开展耕地地力调查与质量评价工作的地块要对已有的土壤养分调查、肥力监测等相关资料进行收集，数据不全的，要进行土壤采样和养分测试，补充相关数据。同时，收集整理不同作物、不同土壤肥力水平下的肥料田间试验资料，组织有关专家对施肥参数进行审核和修正。

（2）划分施肥分区，制订施肥方案 按照土壤类型分布和作物布局，综合考虑土壤肥力、作物需肥规律、肥料效应状况及田间管理水平，划分施肥分区，制订配方施肥分区图。根据田间试验、土壤、植株测试数据，选定配方施肥方法，建立不同作物品种、不同土壤肥力水平的施肥指标体系。根据上述参数，制订配方施肥方案，确定不同区域主要作物品种一定目标产量和肥料利用率水平下的施肥结构、施肥数量、施肥时期和施肥方法。做到县有配方施肥分区图和定点配肥站（厂）或推介肥料生产企业，村有配方施肥指导方案宣传牌和配方肥供应点。

（3）开展技术培训，推广科学施肥技术 重点围绕粮食作物和高效经济作物，突出合理确定施肥数量、选择肥料品种、把握施肥时期和改进施肥方法等重点内容，编制培训教材和宣传挂图，广泛开展以测土配方施肥技术、肥料合理施用方法为主要内容的技术培训。县、乡两级要通过"大喇叭""三电合一"（电视、电话、电脑）、广播讲座、"农技110"咨询热线、科普宣传车等多种形式为农户提供及时、准确、权威的测土配方施肥技术和信息服务。同时，在作物施肥关键时期组织现场观摩会。通过对比试验示范、现场诊断测试、展示配方施肥技术和应用效果，引导农民科学施肥。如果条件允许还可录制系列专题片，应用远程培训网络等快速、便捷的现代化手段，将测土配方施肥知识传递到每个农户。

（4）完善服务体系，建立企业参与机制 各级农技推广部门加强测土、信息发布、配方施肥技术指导等公益性服务设施建设，抓住国家启动实施新一轮"沃土工程""优粮工程"中标准粮田建设的机遇，落实好土地出让金用于耕地质量建设等政策，配套完善土肥分析化验仪器设备、田间试验基础条件和配肥服务相关设施，为测土配方施肥技术推广提供强有力的手段保障。积极探索市场经济条件下"测土、配方、配肥、供肥、施肥技术指导"一条龙服务的新模式。采取有效措施,积极引导肥料生产企业和经营单位参与测土配方施肥服务,探索统一测土、定点配肥、连锁供应、指导服务等有效服务形式,形成多部门联合的测土配方施肥连锁服务体系。

(5) 建立示范方,展示测土配方施肥技术成果 县土肥站针对县域内优势农作物建立 4~5 个测土配方施肥技术示范方,通过宣传培训、召开现场会和示范方这一展示窗口,强化眼见为实的示范功能,使农民掌握配方施肥知识,真正用上配方专用肥,测土配方施肥技术落实到田间地头。

25. 如何制订合理的轮作施肥计划?

制订轮作施肥计划必须考虑下列几个因素:农作物的计划产量指标是多少,土壤的自然供肥能力如何,各种茬口农作物对肥料的反应,采用何种农业技术措施等。制订轮作施肥计划的方法和步骤如下:一是调查研究、收集核对各种基本数据,如当地轮作方式、土壤情况、肥源情况、作物对肥料的反应,以及气象、管理、机械水平等;二是预测轮作周期中各种作物对养分的需要量,并根据土壤供肥和作物吸肥制订养分平衡计划;三是制订轮作制中各茬口和各种肥料及施肥方式中肥料分配计划;四是制订轮作施肥计划的具体实施方案,并提出具体实施措施,使计划顺利执行。

(三) 化肥种类、性质与施用技术问答

26. 什么是化学肥料?

化学肥料的主要成分是无机化合物,是由化肥厂将初级原料进行加工、分解或合成的。例如,在高压、高温和催化剂的条件下,可将氢气和氮气合成氨,氨再与二氧化碳反应,最后生成尿素。又如,用硫酸分解磷矿粉可制得普通过磷酸钙。

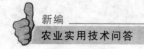
27. 化学肥料有哪些优缺点？

与有机肥料相比，化学肥料所含肥料成分较高，由于有效成分含量高，因而体积小，运输和施用都较方便，但一次用量不能太多，否则会造成肥料和农产品的损失；除少数品种外，化肥大多易溶于水，易被植物吸收利用，是速效性肥料，但易潮解结成硬块，引起养分的损失或施用的不便；同时有的化肥所含副成分对土壤和作物会产生不良影响，而且有的化肥如硫酸铵在作物生长期单独使用会造成土壤板结；另外，施用化肥过多还可能导致环境的污染。所以施用化肥，要根据化肥性质，结合其他作物生长条件如气候、土壤等合理施用。

28. 什么是化肥的有效成分和副成分？

化肥的有效成分是指化肥中可被作物吸收利用的主要营养元素，以该元素的重量百分含量来表示，如氮素以 N%、磷素以 P_2O_5%、钾素以 K_2O% 表示，复混肥料以 $N\text{-}P_2O_5\text{-}K_2O$% 表示。除主要营养元素外，化肥所含其他成分都称之为副成分，如硫酸铵含氮 20%～21%，以施氮肥为目的，硫酸根是副成分；过磷酸钙的有效成分是磷酸二氢钙的水合物及少量游离的磷酸，副成分是无水硫酸钙等。

29. 哪些化肥是酸性肥？哪些是碱性肥？

化肥具有两种不同的反应，即化学反应和生理反应。化学反应指肥料溶于水中以后的反应，如过磷酸钙溶液是酸性，碳酸氢铵溶液是碱性，尿素、氯化钾溶液是中性等。生理反应是指肥料经过作物选择吸收后产生的反应，例如硫酸铵，作物吸收铵离子比硫酸根离子多，从根胶体上代换出较多氢离子，增加土壤酸性，称之为生理酸性肥料；又如硝酸钠，作物吸收硝酸根离子比钠离子多，从根胶体上代换的碳酸根离子与钠离子结合成碳酸钠水解后产生氢氧根离子，增加土壤碱性，所以硝酸钠为生理碱性肥料。另外有一类生理中性肥料，如硝酸铵，它们施入土壤后，土壤反应不起变化。

30. 化肥酸碱性和施肥有何关系？

掌握肥料的酸碱性，对合理施肥会有很大帮助。土壤的酸碱度既能直接影响土壤中养分的溶解和沉淀，又能影响微生物的活动，间接影响土壤养分有效性。因此，碳酸氢铵、钙镁磷肥等碱性肥料宜施用在酸性土壤上。这样，就不会导致土壤酸化，降低磷肥有效性，造成钾、钙、镁等养分的淋失，还可以改善硫、钼养分的活性。在石灰性土壤上宜施用过磷酸钙、硫酸铵、氯化铵等酸性和生理酸性肥料，提高土壤酸性，使磷不易与钙结合生成难溶的磷酸钙盐类而降低磷的有效性，也可提高硼、锰、铁、铜的有效性。

31. 常用的化肥有哪些种类？

按化肥中营养元素的分类，我国目前常用的化肥分为六大类：

（1）氮肥 即以氮素为主要成分的化肥，如尿素、碳酸氢铵等。

（2）磷肥 即以磷素为主要成分的化肥，如过磷酸钙。

（3）钾肥 即以钾素为主要成分的化肥，主要品种有氯化钾、硫酸钾等。

（4）复混肥料 肥料中含有氮、磷、钾三要素中的两种称为二元复混肥料，含有氮、磷、钾 3 种元素的复混肥料称为三元复混肥料。

（5）微量元素肥料和某些中量元素肥料 前者如含有硼、锌、铁、钼、锰、铜等微量元素的肥料，后者如钙、镁、硫等肥料。

（6）对某些作物有利的特殊肥料 如水稻上施用的钢渣硅肥等。

32. 如何识别真假肥料?

(1) 包装鉴别法

①检查标识。国家有关部门规定,肥料包装袋上必须注明产品名称、养分含量、等级、净重、标准代号、厂名、厂址;磷肥应标明生产许可证号;复混肥料应标明生产许可证号和肥料登记证号。商品有机肥、叶面肥、微生物肥等新型肥料要标明肥料登记证号。如果没有上述标识或标识不完整,则可能是假冒或劣质肥料。

②检查包装袋封口。对包装袋封口有明显拆封痕迹的肥料要特别注意,这种现象有可能掺假。

(2) 形状、颜色鉴别法

①尿素。为白色或淡黄色,呈颗粒状、针状或棱柱形结晶体,无粉末或少有粉末。

②硫酸铵。为白色晶体。

③氯化铵。为白色或淡黄色晶体。

④碳酸氢铵。呈白色粉末或颗粒状结晶。

⑤过磷酸钙。为灰白色或浅灰色粉末。

⑥重过磷酸钙。为深灰色、灰白色颗粒或粉末。

⑦硫酸钾。为白色晶体或粉末。

⑧氯化钾。为白色或淡红色颗粒。

(3) 气味鉴别法 如果有明显刺鼻氨味的颗粒是碳酸氢铵,有酸味的细粉是重过磷酸钙。如果过磷酸钙有很刺鼻的怪酸味,则说明生产过程中很可能使用了废硫酸,这种化肥有很大的毒性,极易损伤或烧死植物,尤其是苗床不能用。需要提醒的是,有些化肥虽是真的,但含量很低,如劣质过磷酸钙,有效磷含量低于8%(最低标准应达12%),这些化肥属劣质化肥,肥效差,购买时也要注意。

33. 如何施用碳酸氢铵才能提高肥效？

碳酸氢铵是我国氮肥的主要品种之一。其含氮量较低（17％），常温下易分解挥发，施用好碳酸氢铵，提高其肥效，对农业生产很有现实意义。虽然碳酸氢铵易于分解产生挥发氨，但是氨蒸气易在土壤中被碳化、解离，并被土粒和有机物等吸附，可避免淋失。因此无论在水田或旱地施用，碳酸氢铵均宜深施，一般为6～10厘米为宜，施后立即耕翻或覆土；若不能深施，则应结合灌水施用碳酸氢铵，水田可保持7～10厘米水层，撒施碳酸氢铵后2～3天不落水，但要避免沾污灼伤植株。另外，对干旱作物宜将碳酸氢铵用在气温较低的季节，主要作底肥用。

34. 为什么尿素含氮量高而肥效比其他氮肥慢？

尿素是一类重要的氮肥品种，含氮46％，是固体氮肥中含氮量最高的品种。尿素是化学合成的有机酰胺态氮肥，和铵态氮肥、硝态氮肥不同，尿素中的氮要经过一段时间的转化，在土壤微生物分泌的脲酶作用下最终生成铵离子，才能为作物吸收利用。所以肥效较铵态氮肥、硝态氮肥迟几天，一般夏天需3天左右，秋季需6～7天。若要用尿素追肥，需提前几天施用。

35. 哪些氮素化肥不宜作种肥？

用作种肥的氮素化肥，应考虑其对种子有无不良影响。氯化铵含氯离子，高浓度下对种子有一定毒害作用，不宜使用；尿素能使蛋白质变性，也不宜作种肥。

36. 什么是"以磷增氮"？具体做法如何？

在含有绿肥等豆科作物的轮作中，将磷肥施用在豆科绿肥茬口上，这样可显著促进豆科绿肥的根瘤发育，提高生物固氮量，使绿肥获得额外的生物氮，也有利于绿肥充分吸收磷肥转化中的亚稳态磷酸盐，达到"以磷增氮"，以小肥换大肥的目的。

37. 过磷酸钙有什么特性？在过酸过碱土壤上施用为什么效果不好？

过磷酸钙简称普钙，含 P_2O_5 12%～18%，是水溶性的速效磷肥。过磷酸钙在土壤溶液中溶解后，对作物的有效性很高。但在强酸性土壤中，与铁、铝等离子结合，形成很难被作物吸收利用的磷酸铁、磷酸铝及磷酸钙盐类，从而降低过磷酸钙的当季有效性。而在石灰性土壤中，与钙离子结合，成为磷酸钙盐类，降低肥料的当季有效性。所以，过磷酸钙适用于中性的土壤。

38. 为什么过磷酸钙集中施比撒施效果好？

由于磷酸根在土壤中易被钙或铁、铝等离子固定，有效性大大降低，因此，施用时要以减少其与土壤的接触面而增加其与根系的接触面为原则，充分发挥磷的位置效应。将过磷酸钙集中施用，特别是在用量不大的情况下，效果很好。一般磷肥作基肥施用，集中施用于作物根系附近，可以减少肥料和土壤颗粒的接触表面积，从而降低磷的固定速度；同时施肥点的磷酸根浓度提高，增大了磷源和作物根系的浓度差，有利于磷酸根离子向根系扩散，也有利于根系的吸收。

39. 为什么过磷酸钙与有机肥混施比单独施好？

过磷酸钙与有机肥混施，有机肥中的有机胶体和粗有机质可保护水溶性磷酸盐，防止其与铁、铝、钙等离子接触，避免它们与磷酸根的接触固定；有机肥还能改善土壤的 pH 条件，利于过磷酸钙发挥肥效。另外，磷肥的施用也有利于有机肥的保氮，减少有机肥的氮损失。但是，过磷酸钙与一些有机肥如泥肥等堆沤的效果不一定好。

40. 用过磷酸钙拌种要注意什么问题？

过磷酸钙是水溶性的磷肥，可以拌种施用，但是，目前许多小厂生产的过磷酸钙，其游离酸的含量往往大于 5％，不少还含有三氯乙醛，若与种子直接接触，容易伤种。若作种肥时，可掺 2～5 倍干细腐熟有机肥，拌匀后与浸湿的种子拌和，这样可减少它们直接接触的机会，避免毒害。

41. 过磷酸钙与碳酸氢铵能否混合施用？混施多少碳酸氢铵合适？

过磷酸钙含有磷酸根离子，碳酸氢铵中含有铵离子，两者混合，会生成磷酸铵，这一过程可减轻氨的挥发。但是，碳酸氢铵具有化学不稳定性、吸湿性和结块性，这些问题的主要根源是其含有的水分，而目前作为商品的过磷酸钙常含有一定数量的游离酸，吸湿性很强，含有效磷低的过磷酸钙更是如此，若两者混合，在生成磷酸铵的同时，碳酸氢铵会吸收过磷酸钙中含有的水分，加速氨的挥发。过量碳酸氢铵与过磷酸钙混合，会使速效磷降低，磷肥退化。就物理性状看，混合后的肥料更易结块，施用困难。

42. 钙镁磷肥有什么特性？

钙镁磷肥是磷矿加上一定比例的含镁、硅矿物，在高温下熔融、脱氟成玻璃态物质后冷却、干燥、磨细制成的。为灰绿色粉末，呈碱性，腐蚀性小，不吸湿结块，其含 P_2O_5 16%～22%，是可溶性的磷肥。钙镁磷肥的施用效果与肥料细度、作物种类、土壤反应及施用方法有关。

43. 磷肥为什么作底肥比追肥效果好？秧田比本田效果好？

磷肥最好在移栽时作基肥施入，这是因为作物磷肥营养临界期一般都在生育早期，如水稻、小麦在三叶期，棉花在 2～3 叶期，油菜在五叶期以前，这一时期作物对磷素的需要绝对量虽然不大，但此时因缺磷造成的损失，是以后不能靠追施磷肥来补偿的。因此，用少量过磷酸钙等拌种、蘸秧根等，是充分发挥磷肥肥效的重要方法。

44. 水旱轮作磷肥为什么应该施在旱田？

在水旱轮作中，土壤经历着由干变湿和由湿变干的过程，水田土壤在由干变湿的过程中，渍水条件下 pH 的改变和 Eh 降低，水分增加，可使有效磷的含量增加，而在土壤由湿变干且冬季气温较低时其有效磷的含量常常降低，这就使得施在旱作上的磷肥，对后作水稻有较大的后效，而施在水田上的磷肥对后茬旱作的贡献较小。因此，土壤中的磷以磷酸铁盐的形态为主的条件下，施磷的重点放在旱作上，而以少量磷肥蘸秧苗根，以满足水稻苗期的需要，这样可提高磷的效果，充分发挥磷的增产作用。如果旱作是豆科作物，则还可以起到"以磷增

"氮"的作用。

45. 钾对作物有哪些生理功能?

钾是植物生长发育的必需元素之一,它在植物体内含量较高,分布较广,是移动性极强的元素之一,主要呈离子态或可溶态钾盐形态,存在于生命最活跃的器官和组织中。钾可增强光合作用,促进光合产物的运转;钾是重要的品质元素,对改善作物品质有着很多作用,如钾可增加棉花纤维长度;钾还可提高作物的抗性,促进作物表皮组织和维管组织的发育,加强细胞持水力,减少植物蒸腾作用,从而增强作物抗旱能力;钾能增加作物体内糖分储备,提高细胞渗透压,增强作物抗寒性能。

46. 硫酸钾的性质和施用方法如何?

硫酸钾一般呈白色至淡黄色粉末,含 K_2O 50%~52%,是化学中性、生理酸性肥料,它易溶于水,不易吸湿结块。因此,施用硫酸钾应首先考虑到它是生理酸性肥料,在酸性土壤上长期施用可能引起土壤酸化板结,在酸性土上施用硫酸钾时要配合石灰施用。硫酸钾不含氯根,对一些忌氯又需钾较多的作物如茶树、烟草、马铃薯、甘蔗等施用硫酸钾,可取得较好效果。硫酸钾也可以施在油菜、大蒜等喜硫作物上。

47. 氯化钾适宜什么土壤和作物? 怎样施用?

氯化钾一般呈白色、红色或杂色,含 K_2O 50%~52%,易溶于水,是目前我国应用最广泛的钾肥品种。氯化钾也是生理酸性肥料,最适宜在石灰性、碱性土壤上施用。氯化钾不能在盐渍土上施用,否则使盐害加重。氯化钾含有氯离子,氯离子与作物品质有关。目前,氯对某些经济作物的影响程度还没有明确的结论。一般

在忌氯作物如烟草、马铃薯、甘蔗、茶树、柑橘、甘薯等作物上要谨慎施用，注意控制用量，最好作基肥早施，结合灌水以使氯淋洗到土壤深层，减轻氯害。

48. 为什么说草木灰是很好的钾肥？如何保存和施用？

草木灰是植物体燃烧后所产生的灰烬，在我国商品钾肥不足，农村多以稻草、秸秆、木柴作燃料情况下，它成为农业生产上一种重要的钾肥。草木灰的成分很复杂，含有作物体内各种灰分元素，以含钾、钙最多，一般含 K_2O 5%～10%，其钾多以碳酸钾形态存在。草木灰中的钾易淋失，应存放在室内、棚内以免钾素淋失。草木灰呈碱性，不宜与铵态氮肥混存或混施，也不应加到人畜粪尿中去，以免铵态氮变成氨气而挥发损失。草木灰含钙较多，不宜与过磷酸钙混存，以防磷的老化。草木灰可作基肥、追肥，最适用作育苗床的盖种肥，这样既可提供养分，又疏松土壤、提高土温。

49. 什么土壤和作物施用钾肥有效？

钾肥应首先施用在缺钾土壤上。土壤供钾情况决定了钾肥施用的效果。在实际中，应根据土壤供钾能力的大小，优先将钾肥施用在速效钾含量低，缓效钾储量少，而释放缓慢的土壤上。一般以水稻、小麦为种植对象的土壤，其速效钾（以 K_2O 计）含量在 40～80 毫克/千克时施钾有效。钾肥应优先施在有足够的磷、氮水平而产量水平低的土壤上。质地粗的沙土供钾肥力低，速效钾易淋失，也应考虑钾肥的优先施用。各种作物的需钾量和吸钾能力不同，对一些喜钾作物如烟草、马铃薯、甜菜、甘蔗、香蕉等可多施钾肥，可在增产的同时提高品质。对增产幅度大的豆科绿色也可多施，"以钾增氮"。对需钾量大的高产矮秆良种要注意钾肥的施用。

50. 什么是微量元素肥料？常用的有哪些？

微量元素在土壤中含量很低，一般含量为百万分之几。植物所需要的微量元素有铁、锰、铜、锌、硼、镍、氯和钼，与大量元素一样，这些元素也是植物必需的营养元素。我国目前常用的微量元素肥料主要有硼砂、硫酸亚铁、硫酸锌、硫酸锰、硫酸铜、钼酸钠、钼酸铵等。这些肥料可根据本身的性质，结合土壤和植物情况，单独土施、叶面喷施、种子处理、蘸根等，或几种微量元素肥料混施，或与大量元素肥料、农药、生长调节剂等混施，以节约肥料，方便施用，但要注意离子间的相互作用，防止失去有效性。

51. 哪些土壤和作物容易缺硼？

含有游离碳酸钙的石灰性土壤易缺硼，酸性土壤过量施用石灰会导致硼的有效性降低。各种作物对硼有着不同要求，硼肥的效果也不一样。一般十字花科、豆科植物如油菜、大豆等对硼的要求较高，对施肥有良好反应；各种根茎作物如甜菜、马铃薯、胡萝卜以及纤维作物、果树等对硼的要求量也很大；禾本科粮食作物需硼量较少。

52. 如何施用硼肥？

一般在土壤水溶性硼低于 0.5 毫克/千克时施用硼肥。作物需硼的总量不大，适量和过多造成毒害的范围很窄，所以首先要注意用量，施用均匀，避免造成局部毒害。一般土壤撒施硼肥是最普遍采用的方法，需硼较多的作物用量为 0.25～0.5 千克/亩，而一般作物适宜用量为 0.25 千克/亩（硼砂），叶面喷硼浓度为 0.05%～0.2%，可采用易溶的硼砂。有资料表明，在沙性淋溶强烈的土壤

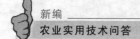
上，叶面喷硼和条施硼肥效果相近而优于撒施。因硼易对种子产生毒害，只在严重缺硼地区采用硼砂溶液浸种和拌种的方法。硼肥的最佳施用期在作物生长前期和由营养生长转入生殖生长的时期。为了防止施硼过多或施硼不均匀，可施用溶解度低的含硼玻璃肥料或硼镁肥等，以减缓硼释放速度。一般硼在土壤中残效较小，需年年施。

53. 哪些土壤和作物容易缺锌？

土壤缺锌的原因一般为以下几种情况。一是成土母质缺锌的土壤，如花岗岩发育的土壤；二是含有有机质较高的石灰性水稻土，因有机质的吸附使锌的有效性降低；三是过量施用磷肥的土壤和某些因恶劣环境条件而限制了根系发育的土壤。土壤缺锌易使一些作物产生生理病害，如果树缺锌则幼叶硬、面小，引起簇叶，称为小叶病；水稻缺锌，坐蔸，植株矮小，分蘖延迟，根系小，生育期后延，空壳率高；玉米缺锌导致叶片失绿呈花白色，抽雄吐丝期延迟，果穗缺粒无尖。除水稻、玉米、果树对锌敏感外，亚麻、小麦、花生、大豆、豌豆等也易缺锌。

54. 如何施用锌肥？

土壤施锌是最常用的方法，撒施、条施皆可，撒施时要结合耕耙，播种或移栽前是土壤施锌的最佳时间，一般每亩施用 1.5～5.0 千克（硫酸锌）；叶面喷施适用于果树类和蔬菜类，只是作物出现缺锌症状时的应急措施，适用于作物生长早期，浓度一般为 0.05%～0.1% 硫酸锌，果树可用 0.5% 硫酸锌溶液；种子处理时可用 0.1% 硫酸锌溶液浸种或用作水稻、棉花等种子包衣；而用 2%～4% 氧化锌悬液蘸秧根是经济有效的方法。锌在土壤中的残效一般为 3～5 年，要根据土壤，植株分析结果决定是否施用锌肥。

55. 如何施用钼肥?

钼肥价格昂贵,且容易由于施用不均而造成不良影响,故一般不用土壤施钼的方法,若土壤施钼,一般用量为 8～24 克/亩钼酸铵,蔬菜类可适当增加;叶面喷施是目前最常用的钼肥施用方法,喷施浓度一般为 0.01％～0.1％钼酸铵或钼酸钠溶液,一般在苗期和花前期喷施效果较好;种子处理也是目前常用的方法,可用0.05％～0.1％钼酸铵溶液浸种 12 小时,也可按每千克种子 2～6克钼酸铵的用量,将钼酸铵溶解、稀释、冷却后拌种。种子处理同叶面喷施结合,能节省肥料,及时有效地补充植物生长所需的钼。

56. 如何施用锰肥?

锰与豆科作物生长有较为重要的关系,大豆、花生、豌豆、豆科绿肥等对锰肥有良好反应。此外,在缺锰土壤上,对小粒谷物、烟草、棉花、油料、甜菜等施用锰肥,效果也很好。常用锰肥品种为硫酸锰,另外还有氧化锰、氯化锰、含锰矿渣等。可溶性的锰肥施到中性与石灰性土壤中容易成为不活状态,所以基肥多推荐条施,以氧化锰、含锰矿渣等溶解度低的锰肥为佳,配合酸性肥料更好;一般用 0.05％～0.1％硫酸锰喷施是矫正植物缺锰的最有效方法,锰的需要量较大,可喷 2～3 次,喷施应适期,如棉花盛蕾期至棉铃形成初期,大豆的花前期和初花期等;种子处理一般以每千克种子 4～8 克硫酸锰的量拌种,或用 0.1％硫酸锰溶液浸种半天至一天。锰肥的残效不明显,应注意年年施。但施用工业废料则要注意防止重金属污染。

57. 如何施用铁肥防治黄叶病?

缺铁现象在石灰性土壤上最为常见。作物缺铁的主要症状是失

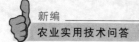

绿症，也就是黄叶病。目前施用的铁肥主要是硫酸亚铁，施用方法有基施、喷施、树干注射等。由于铁在土壤中易被固定，在植物中移动性差，基施时可将铁肥与有机肥混施，在播前或移栽前施用；在植物出现缺铁症状时，喷施 0.1％～1％ 硫酸亚铁，连喷几次，比土施效果好；对于木本植物还可用固体或液体硫酸亚铁塞入或注入树干。近来，螯合铁肥也逐渐得到运用，黄腐酸铁、Fe-EDDHA、Fe-EDTA、Fe-DTPA 等肥料不论是土施或叶面喷施，效果都较好。铁在土壤中残效不明显，需年年施用。

58. 施用大量元素对微量元素吸收有什么影响？

大量元素肥料的施用，对微量元素的吸收利用有影响，有的有助于吸收，有的则有妨害。氮肥、钾肥施用量过大，会使作物吸硼减少，磷肥用量过大，会因磷锌交互作用而使作物吸锌量减小。一些生理酸性肥料如氯化铵、氯化钾、硫酸铵等的施入，在缺锌、铁的土壤上常会因降低土壤 pH 而提高锌、铁等的活性，同时，在缺钼的酸性土上，则加重了缺钼症状。石灰的过量施用常会过高提高土壤 pH，而使土壤缺锌、硼，同时，石灰的施用可改善缺钼酸性土中钼的有效性。此外，大量元素的施用提高了产量，可促进微量元素的吸收。大量施用氮、磷、钾肥，不配合施用微肥，改变了土壤环境条件，会导致土壤中微量元素缺乏，需施用微肥。

59. 什么是复混（合）肥料？

复混（合）肥料是指含有作物主要营养元素氮、磷、钾中的两种或两种以上的化肥。根据制造方法的不同，可分成化学合成复合肥料和混成肥料两大类，前者是通过复杂的工艺流程，经化学反应制成的，如磷酸铵、硝酸磷肥、硝酸钾等；后者是将几种单元肥料或化学合成复合肥料经机械掺混、造粒而成的肥料。

60. 复混（合）肥料有哪些优点？

复混（合）肥料是随着农业生产的发展而逐步发展的。随着作物产量的提高和农业施肥理论和技术的发展，农业施肥已从带有盲目性的习惯施肥转向科学施肥，混成肥料（配方肥）考虑了土壤类型、肥力水平、作物种类和气候条件，避免了土壤中某些养分的短缺，避免了养分的浪费，达到科学、经济施肥的目的，适用于目前"测、配、产、供、施"一条龙的农化服务体系。而化学合成复合肥料具有副成分少，对土壤不良影响小，物理性状较好，便于运、储、施的优点，可在一定程度上达到平衡施肥的目的。

61. 复混肥料有效成分如何表示？

复混肥料的有效成分，一般按 $N-P_2O_5-K_2O$ 次序分别用阿拉伯数字表示其重量百分比，如组成为 15-7-8 的复肥含 N 15%，P_2O_5 7%，K_2O 8%。而 15-15-0 则表示含 N 15%，P_2O_5 15%，不含钾，以此类推。目前，我国复混肥国家标准要求总养分含量必须大于 25%，其中单一养分含量不低于 4%。若肥料中含有其他大量元素或微量元素，则将这些元素的含量写在后面，并标明是哪一种元素，如 10-10-10-5S 则表示除 N、P_2O_5、K_2O 外含S 5%。

62. 什么是BB肥？其特点是什么？

BB 肥名称来源于英文 bulk blending fertilizer，又称掺混肥，它是将单元肥料（或多元肥料）按一定比例掺混而成。其特点是氮、磷、钾及微量元素的比例容易调整，可以根据用户需要生产出各种规格的专用肥，比较适合测土配方施肥的需要。正因为其灵活

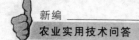

多变的特点，在微机的控制下，用户所需肥料在几分钟之内即可生产出来。BB 肥在国外发展很快，这种掺混工艺在 20 世纪 50 年代在美国兴起。目前 BB 肥在美国的销售量占施肥总量的 45％，在复混肥中的比例超过 60％。我国的 BB 肥起步较晚，市场占有率很低。因此加快研究和开发农村需要的 BB 肥，是市场的需要，是农业发展的需要。

63. 磷酸铵的性质如何？怎样合理施用？

磷酸铵是目前我国化学合成复合肥料的当家品种，是氮、磷二元复合肥，它包括磷酸一铵（12 - 52 - 0，10 - 50 - 0）、磷酸二铵（18 - 46 - 0，16 - 48 - 0），国产以磷酸二铵为主。磷酸铵养分含量高，含杂质和其他副成分少，一般不吸湿结块，长期施用不会造成土壤物理性质的破坏和有毒物质的污染。磷酸铵施入土壤后，借助于氮的活性，磷酸根离子的移动较过磷酸钙中的磷酸根快，易被植物利用，对当季作物的贡献大。磷酸铵有效成分浓度高，适用于几乎所有土壤和作物，其肥效可与等养分的单质化肥配合施用一致，但它节省了储、运、施的费用，因而受到欢迎。施用时要注意的是，磷酸铵是以磷为主的复合肥，在多数情况下不可单独作基肥或追肥，要配合氮肥施用。

64. 磷酸二氢钾的性质如何？怎样合理施用？

磷酸二氢钾是含磷、钾的二元复合肥，养分式为 0 - 24 - 27，它为灰白色粉末，吸湿性小。物理性状好，易溶于水，是一种很好的肥料，但价格高，所以目前多用于根外追肥和浸种肥。一般可用 0.1％～0.2％磷酸二氢钾喷施，喷施时间以作物生殖生长期开始时为佳，小麦在干热风到来以前，喷施磷酸二氢钾，可以有效地减少灾害损失。另外 0.2％磷酸二氢钾溶液浸种也可取得一定的增产效果。

65. 什么是叶面施肥（根外追肥）?

作物除根部能吸收营养元素外，叶部也可以吸收养分，利用作物的这一特点，可以选择一定的肥料浓度的溶液，直接喷施于作物叶片上补充根部营养的不足，这就称为叶面施肥，又称根外追肥。

66. 叶面施肥有什么好处?

叶面施肥有助于植物生长发育：①叶片对养分的吸收和转运比根部快，叶面施肥能较快为植物吸收，所以，当作物某一时期有特殊营养要求，而根部吸收速度跟不上，叶面施肥可取得好效果。②叶面施肥可避免肥料进入土壤被固定转化，如微量元素 Fe、Mn、Cu、Zn 等，叶部喷施直接供给作物需要，避免被土壤固定。③叶面喷施氮、磷肥能加强叶片的光合作用和根活力，所以，在作物生长后期喷施这些肥料能延长功能叶片的寿命，促进根系新陈代谢，达到提高产量，改善品质的目的。④叶面施肥在量上容易掌握，可与杀虫剂同喷，因而可减低费用。⑤可提高肥料利用率，减少环境污染，降低农业成本。

67. 哪些化肥可以叶面喷施?

最适于作叶面喷施的化肥有尿素、磷酸二氢钾、硝酸钾、硫酸铵、硫酸钾、过磷酸钙及一些可溶性微肥等。非水溶性的化肥、具有挥发性氨的肥料不能用作叶面喷肥。

68. 叶面施肥的技术要点是什么?

叶面施肥，应掌握溶液的浓度、酸碱度，喷施的时间，喷

肥的部位及喷肥的次数等。叶面施肥溶液的浓度因肥料而异，一般大量元素肥料为 0.1%～0.2%，大田作物除幼苗期和生长衰弱期，施用尿素可放宽至 5% 左右。微量元素的喷施浓度一般为 0.01%～0.1%，单子叶植物叶面积小，角质层较厚，可适当加大浓度。在溶液主要供给阳离子时，溶液应调至微碱性；主要供给阴离子时，溶液应调至弱酸性。喷肥时间在傍晚或在有露水的早晨为宜，应避免风雨天，使肥料溶液能在叶片表面停留较长时间。另外，应选择合适的喷肥器具，以雾状喷肥效果最为理想。

69. 不同作物叶片，对喷肥养分吸收速度如何？

一般双子叶植物如棉花、豆类、油菜、叶菜类蔬菜等，叶面积较大，角质层较薄，溶液中的养分易被吸收；水稻、小麦等单子叶植物，叶面积较小，角质层较厚，吸收溶液中的养分较双子叶植物困难，应加大根外追肥的浓度来增加植物吸收。

70. 叶面施肥能不能和喷施农药结合进行？

肥料与农药配合施用进行肥药混喷是近年来农业上采用的一项新技术，因为它可以节省劳力、提高工效，很多情况下还可以增强肥效和药效。但因为大多数农药是复杂的有机化合物，与肥料混合必然带来一系列化学的、物理的、生物的问题，所以也并不是所有肥料和农药都能混合施用，采用这一技术要掌握 3 个原则：一能因混合而减低药效或肥效；二是对作物无毒害；三是农药及肥料要适于叶面喷施。

71. 化肥混合施用有什么好处？

为使肥料发挥最大效果，节约劳力，化肥有时要混合施用，主

要有以下几个好处:

(1) 使养分齐全,迟速搭配 目前常用的化肥以含单一营养元素为主,为了较全面地将养分供给作物,往往采取几种化肥混合施用的办法;另外,化肥中有的速效,有的迟效,将迟速搭配,可以更好地满足作物在各个时期的需要。

(2) 可以提高肥效 有些肥料合理地混合后,可以相互提高肥效。例如,硫酸铵和过磷酸钙、尿素和过磷酸钙混合后,均可相互促进养分的保存和提高。

(3) 可以改善肥料的物理性质 有的肥料混合后,可以使物理性质得到改善,如硝酸铵与氯化钾混合后,减少了吸湿性,便于施用。

(4) 可以节省劳动力和经费开支

72. 化肥混合的原则是什么?

化肥能否混合要掌握 3 个原则:①混合后是否会引起养分损失;②混合后是否有利于提高肥效;③混合后最好能改善物理性质。

73. 化肥与有机肥混合施用有什么优点?

化肥和有机肥料混合施用的优点:①可以提高肥效。许多化肥与有机肥混合后,化肥可以被有机肥料吸收保蓄,减少流失。此外,化肥掺有机肥料还可以促进有机肥腐熟,提高肥效。②可以减少化肥可能产生的某些不利的副作用。化肥同有机肥料混合施用,可以增加土壤的缓冲性能防止酸化。再如,有的过磷酸钙含游离酸过多,作种肥时会影响种子发芽和幼苗生长,加入有机肥料后,中和游离酸,可减少对种子的危害。③可以增加作物营养。有机肥所含养分较全,肥效稳而长,含有机质多,能提高土壤有机质含量,改善土壤理化性质。④在秸秆还田和施用未腐熟

有机肥时，加入化学氮肥，可以避免作物因早期缺氮而影响生长。

74. 哪些化肥和有机肥不宜混合？

化肥和有机肥不是可以任意混合的。有些混合后能提高肥效，有些反而降低肥效。可以与有机肥混合的有：钙镁磷肥、磷矿粉与厩肥、堆肥混合，由于堆肥发酵产生各种有机酸，可以促使钙镁磷肥中的磷溶解，因而可以提高磷肥效果；过磷酸钙与厩肥、堆肥混合施用，还可以减少磷的固定；泥炭等有机肥与草木灰、钢渣磷肥等碱性肥混合后，可以相互中和并相互提高肥效；人粪尿中混以少量过磷酸钙，可形成磷酸二氢铵，减少氨的挥发损失。不宜和有机肥混合的有：含硝态氮的化学肥料与未腐熟的堆肥、厩肥或新鲜秸秆堆制，由于反硝化作用，易引起氮素损失；新鲜秸秆类肥料与化学氮肥混合施用，会因微生物的大量繁殖，其中的氮大都已转化成铵态氮，不宜再与碱性肥料混合，否则会使氮挥发损失。

75. 固体化肥如何运输和储存？

固体化肥品种很多，为了避免在运输和储存中造成损失，必须做到：①要求分库储存。酸性肥料如氯化铵、硫酸铵等一定要和碱性物质分储，以免造成氮素挥发损失。②化肥一般易溶于水，因此在储存和运输中要防止雨淋和受潮，由于一些化肥如硝酸钠等吸湿性强，应储存在干燥通风的地方。③硝酸铵、硝酸钠等含硝基的肥料，容易引起燃烧，因此在储存和运输中不能和易燃物质放在一起，在使用中不能因结块而用铁器猛敲，以免造成爆炸。

（四）有机肥料种类、性质与施用技术问答

76. 什么是有机肥料？

有机肥料是农村利用各种来源于动植物残体或人畜排泄物等有机物料，就地积制或直接耕埋施用的一类自然肥料，习惯上也称作农家肥料。有机肥料种类繁多，大致可归纳为以下 4 类：

（1）粪尿肥 包括人畜粪尿及厩肥、禽粪、海鸟粪以及蚕沙等。

（2）堆沤肥 包括堆肥、沤肥、秸秆以及沼气肥料。

（3）绿肥 包括栽培绿肥和野生绿肥。

（4）杂肥 包括泥炭及腐殖酸类肥料、油粕类、泥土类肥料，以及海肥、农盐等。

77. 施用有机肥料有哪些优点？

有机肥料含有丰富的有机质和各种养分，它不仅可以为作物直接提供养分，而且可以活化土壤中的潜在养分，增强微生物活性，促进物质转化。施用有机肥料，还能改善土壤的理化性状，提高土壤肥力，防治土壤污染，这是化肥所不具备的。充分利用有机肥源，科学积制、合理施用，既能使农业废弃物再度利用，减少化肥投入，保护农村环境，创造良好的农业生态系统，又可以达到培肥土壤、稳产高产、增产增收的目的。

78. 人粪尿的性质如何？

人粪尿是一种养分含量高、肥效快，适于各种土壤和作物的有机肥料，常被称为精肥、细肥。人粪是食物消化后未被吸收而排出体外的残渣，含 70%～80%水分、20%左右有机物质、5%灰分，

含氮 1％、磷 0.5％、钾 0.37％，以及含有其他中微量元素，呈中性反应。人尿是食物消化吸收，并参加新陈代谢后所产生的废物和水分，含水分 95％，其余 5％是水溶性有机物和无机盐，含氮 0.5％、磷 0.13％、钾 0.19％。人尿养分含量虽然低于人粪，但因排泄量大于人粪，所以提供的氮磷钾养分多于人粪，人尿一般呈弱酸性反应。人粪尿都是氮多、磷钾少的肥料，所以人们常把人粪尿作为氮肥施用。人粪尿必须经过储存、腐熟后才适宜施用。

79. 人粪尿如何合理施用？

人粪尿是含氮较多的速效性有机肥料，对一般作物均有良好的肥效，特别是对叶菜类、桑、麻等需氮较多的作物肥效更好。人粪尿中含氯较多，如果施在烟草、马铃薯、甜菜等忌氯作物上，用量过多会影响产品品质。人粪尿的适宜用量，一般大田作物每亩 500～1 000 千克，对于需氮过多的叶菜或玉米等作物，每亩施用 1 000～1 500 千克。人粪尿含氮多磷钾少，施用时应根据土壤条件和作物需求，适当补充磷、钾化肥。

80. 什么是厩肥？

厩肥是家畜粪尿和各种垫圈材料混合积制的肥料。

81. 如何积制厩肥肥效才高？

先将厩肥疏松堆积，以利分解，同时浇粪水调节分解速度，2～3 天后，堆内温度达 60～70℃，这样的高温，可杀死大部分病菌、虫卵和杂草种子。温度稍降后，踏实压紧。然后再加新鲜厩肥，处理和以前一样。如此层层堆积，一直到 1.5～2 米高为止。然后用泥浆或塑料薄膜密封，以达到保温并防止雨水淋洗肥分。这种堆积方式，4～5 个月后可以完全腐熟，堆积时间短，有机质和养分损失少，消灭有害物质比较彻底，生产上普遍采用此种堆积方法。

82. 家禽粪的性质如何？怎样施用？

家禽粪主要指鸡、鸭、鹅等家禽的排泄物，家禽的排泄量不多，但禽粪含水分少养分浓度高。鸡和鸭以虫、鱼、谷、草等为食，而且饮水少，因此鸡、鸭粪中有机物和氮、磷的含量比家畜和鹅粪高。禽粪中的氮素以尿酸态为主，作物不能直接吸收。施用新鲜禽粪还能招来地下害虫，所以禽粪必须经过腐熟后施用才好。禽粪积存一般是将干细土或碎秸秆均匀铺在地面，定期清扫积存。禽粪养分浓度高，容易腐熟并产生高温，造成氨的挥发损失，应选择阴凉干燥处堆积存放，加入其他材料混合制成堆肥或厩肥后，施用效果较好。腐熟的家禽粪是一种优质速效的有机肥，常常作为蔬菜或经济作物的追肥，不仅能提高产量，而且能改善品质。家禽粪中的氮素对当季作物肥效，相当于氮素化肥的50%，且有明显的后效。

83. 秸秆直接还田有什么好处？

农作物秸秆富含有机物质，钾、硅等营养元素，通过多种形式直接还田，能有效节约肥料施用量，取得和施用传统有机肥料同样的增产效果。秸秆直接还田后，土壤水、肥、气、热条件适宜，可迅速分解，增加土壤有机质含量，改良土壤理化性状，增强土壤中有益微生物活性，活化土壤潜在养分，提高土壤肥力。

84. 秸秆还田的技术要点是什么？

秸秆还田的主要方式有：墒沟埋草，粉碎还田，返转灭茬，留高茬，宽行作物田间铺草覆盖，草育菇菇渣还田，过腹还田，堆

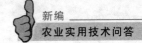

肥、沤肥、沼肥还田等，直接还田时应尽量切碎，增加与土壤接触面，以便秸秆吸收水分，加速腐烂分解。要使土壤保持适宜的含水量，在土壤水分充足的条件下，秸秆宜浅埋，以加速分解。秸秆还田最好是边收获、边切碎、边耕翻入土，以延长耕埋至播种或插秧之间的时间。此外，及时翻埋的秸秆含水量高，有利于腐烂分解。一般情况下，旱地要在播种前 15～45 天，水田要在插秧前 7～10 天就将秸秆深翻入土。一般稻草、麦秸用量，每亩 150～200 千克，具有大动力机械的地方可实行麦草深翻全量还田。玉米秸秆可以多些。秸秆直接还田时，应加入适量的化学氮肥或腐熟的人畜粪尿等含氮多的物质，用来调节碳氮比，加入的氮量，使秸秆干物质的含氮量提高到 1.5％～2.0％时为宜。

85. 种西瓜为什么施饼肥效果好？

饼肥是油料作物子实榨油后剩下的残渣，饼肥的种类有大豆饼、花生饼、棉籽饼、菜籽饼等，一般饼肥中氮和磷的含量较高，是比较好的氮、磷肥料。饼肥的氮存在于蛋白质中，磷是卵磷脂的成分，有机态氮和磷在微生物分解后才能被作物吸收利用。由于饼肥碳氮比小，施入土中容易被分解，具有一定的速效性，是一种迟速效兼备的好肥料，因而它适宜于一些生长期较长，需氮、磷较多的瓜果、经济作物如烟草上使用。饼肥可用作基肥，也可用作追肥。

86. 饼肥直接上地好，还是过腹还田好？

油饼含有大量的有机质和蛋白质，又含有油脂（用压榨方法取油，残渣尚有不少油分）和维生素，营养价值很高，是畜禽的好饲料，因此，从经济利用看，凡是可以作饲料的油饼，最好先作畜禽饲料，而后用畜禽粪尿肥田，这是一种经济合理利用油饼的方法。

87. 种绿肥有哪些好处？

绿肥是中国农家的传统肥料，不但对保持生态平衡、促进良好的生态循环有其独特的作用，对农作物的增产，对饲养业的发展，对农副业生产都有多方面的作用。豆科绿肥，具有固定氮素的能力，亩产 1 500 千克鲜草的苕子绿肥，一般可以从空气中固定 5 千克多氮素（除去从土壤中吸收 2.5 千克），相当于 25 千克多硫酸铵的含氮量，历来有每种一亩绿肥就等于建了一个小小的氮肥厂的说法。有些绿肥如豆科的紫云英、紫花苜蓿、草木樨、田菁、十字花科的芸薹属作物等，都具有较强的溶解土壤中难溶性磷的能力，从而增加了土壤速效磷的含量。水花生有富集钾的能力，光叶苕子有富集锌的能力。种植这些作物，可以提高这些营养元素的有效性。

88. 怎样合理安排茬口播种绿肥？

为了更好地提高周期效益，兼顾当前，总体看来，为了协调粮（棉）绿之间的用地矛盾，在栽培上要互相配合，达到相互促进。绿肥要为作物高产创造肥力条件，而在粮食等作物的栽培过程中又要给绿肥生产尽可能地提供更大的空间和更长的时间。因此，在粮食等作物方面可因地制宜考虑改换一些品种或改变种植方式，如生育期长的换生育期短的；株型散遮阴大的换成株型紧凑遮阴小的等。在群体布局上可以改变行株距，改早播为迟播，改晚收为早收等。实行合理的轮种、间种、复种，专用绿肥和兼用绿肥、短期和长期、豆科与非豆科合理搭配，发展绿肥上山、下水，在经济林果桑园内套种，以扩大绿肥种植面积，提高种植周期效益。

89. 为什么提倡绿肥过腹还田？

传统的绿肥利用方式是将绿色体直接翻压土中或切割沤堆异地

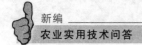

施用。这种利用方式虽能起到肥的作用，但有不少浪费，因为绿色体中的蛋白质、脂肪、维生素和矿物质，并不是土壤中不足而必须施用的养料，绿色体中的蛋白质在没有分解之前不能被作物吸收，而这些物质却是动物所需的营养。所以，要提倡过腹还田，利用绿肥饲养牲畜、鱼，先把其中的蛋白质及各种营养物质经过动物消化而转化为人类能直接利用的鱼、畜等产品（肉、乳、蛋、皮毛等），然后再以畜粪还田。

90. 绿肥的肥效如何？

绿肥产草量高，一般种一季绿肥可产鲜草 1 000～1 500 千克，高的 2 000～2 500 千克，最高的甚至可达 5 000 千克以上。一般种一亩田绿肥连本田可肥三亩田。各种绿肥养分含量虽不完全一致，但都比较丰富。根据分析，每 1 000 千克豆科鲜草中一般有机物质 180 千克，含氮素 5～5.5 千克，五氧化二磷 1.5 千克，氧化钾 4 千克左右。所以绿肥施入土壤以后，能够增加土壤的有机质和养分含量，特别是可以更新有机质的质量为作物提供良好的生长条件。很多报道说明，一般 1 000 千克绿肥可以增产 100 千克粮。这种增产效果在中低产地区更加显著。

91. 肥料、农药和除草剂能混合用吗？

肥料和农药（包括除草剂）的混用，要看具体情况而定，一般酸性的农药只能和酸性或中性的化肥混用，不能酸碱混用，酸碱混用后造成农药减效或失效。目前在生产实践中，麦田除草剂和尿素、碳酸氢铵混合使用；稻田除草醚和尿素、碳酸氢铵都可以混用。二甲四氯和硫铵混合液也可用于喷雾。有机磷、菊酯等杀虫剂在生产过程中也可混合使用。过磷酸钙虽为酸性肥料，但由于磷矿来源不同，成分比较复杂，一般不提倡混用。最近，在固体混配肥料中加入除草剂，在施用中取得明显效果。

92. 什么是菌肥？有哪几种？

菌肥是微生物肥料的俗称。它是一种带活菌体的辅助性肥料。土壤中存在着大量的微生物（包括细菌、真菌、放线菌），一般每克土含有几亿个至几十亿个微生物。有些对作物生长发育有益，有些则有害。人们用科学的方法从土壤中分离、选育有益微生物，经过培养、繁殖、制成菌剂，将这些菌剂应用于农业，使作物增产，称为菌肥，又称为微生物肥料。1950 年以来，我国开始了根瘤菌肥料的生产和应用，以后又相继生产和应用了固氮菌肥料，磷、钾细菌肥料，抗生菌肥料等，对发展农业生产起到了积极的作用。

（五）主要农作物施肥技术问答

93. 水稻需肥量和需肥规律是什么？

据分析测定，每生产 100 千克稻谷需从土壤中吸收氮 1.7～2.0 千克，平均 1.85 千克；五氧化二磷 0.7～1.0 千克，平均 0.85 千克；氧化钾 1.6～2.6 千克，平均 2.1 千克。因为栽培地区、品种类型、土壤特性、施肥和产量不同，对氮、磷、钾的吸收数量有所不同，制订施肥计划时，必须根据当地条件、品种特性考虑。水稻分蘖期以前，由于苗小同化面积较小，干物质积累不多，因而吸收养分也较少。这时期吸收的氮占一生总吸收量的 1/3，磷占 1/6，钾占 1/5 左右。分蘖至抽穗期是养分吸收最多的时期，这时期吸收的养分占一生总吸收量的 1/2 以上。抽穗以后到成熟阶段，吸收的氮占总吸收量的 1/6，磷占 1/3，钾占 1/4。各生育期吸收养分具体数量，同样受品种特性、栽培条件和肥料供应能力影响。施肥时应根据具体条件，因地制宜考虑，切不可生搬

硬套。

94. 什么是水稻节氮精确施肥？

水稻节氮精确施肥技术是测土配方施肥在水稻上的具体应用，是根据土壤、作物、肥料三者之间的关系，依据无氮基础地力产量（土壤供肥能力）、100千克籽粒吸收的氮素（作物吸肥规律）和氮肥当季利用率（肥料效应）三大技术参数，应用修正后的斯坦福议程确定获得目标产量时所需的氮肥适宜用量。公式是：施氮总量＝（目标产量×生产100千克稻谷吸收的氮量－无氮基础地力产量×生产100千克稻谷吸收的氮量）÷氮肥当季利用率（%）。其技术推广应用后，每亩水稻可节省纯氮3千克，产量增加25～30千克，氮肥的利用率达到40%以上，亩节本80元以上。

95. 水稻育秧为什么要调节育秧床土酸碱度？如何调节？

水稻秧苗适宜生长的土壤pH为5.5～6.0，而石灰性土壤，pH在7～8以上。这种土壤早春育秧，地温低，秧苗生长不好，易感染霉菌产生青枯病，烂秧严重。如将土壤pH调到5.5～6.0，则霉菌生长受到抑制，烂秧现象很少。为此，石灰性土壤作为育秧床土，调节酸度非常重要。根据日本经验，我国已改用硝基腐殖酸作为调酸剂。硝基腐殖酸为固体粉末，运输、使用方便，有较强的缓冲性能，pH降低后不易回升，而且培育的秧苗素质，比用硫酸的好，现在黑龙江、吉林、辽宁等省已经推广。工厂化盘式育秧，盘子大小为30厘米×60厘米，土重4千克，用硝基腐殖酸80～120克，为土重的2%～3%，即可将土壤pH降到5.5～6.0，效果很好。各地可根据具体的土壤条件，最好在农技部门的指导下选择合适的含硝基腐殖酸的旱育秧专用肥。

96. 碳酸氢铵在稻田作基肥时如何施用？

碳酸氢铵可以作基肥和追肥，作基肥时应该深施并立即覆土掩盖，以减少由于挥发而造成的损失。碳酸氢铵用作稻田基肥，应在耕地时，边撒边耕，耕翻后及时灌水泡田，以提高土壤对铵的吸收率，减少氨气挥发损失。据各地试验，浅施碳酸氢铵的利用率只有25％～35％，而深施的可达50％左右，与尿素差不多。碳酸氢铵深施还有肥效期长，肥效缓慢，稻苗生长平衡等优点。碳酸氢铵深施也有不利的一面，由于稻田早期表层供氮不及时，也会影响稻苗生长，所以碳酸氢铵施用量较大时，留1/3浅施或面施，对水稻生长更为有利。

97. 水稻缺锌引起的"僵苗"是什么样？

缺锌引起的水稻僵苗，俗称红苗、缩苗或坐蔸，通常在插秧后20天左右发病严重。最初老叶的叶尖干枯，叶片自下而上沿中肋两侧发生黄赤色或赤褐色不规则锈斑，渐而向叶片两端扩大连片。新叶小，出叶慢，叶鞘短，植株矮缩。严重时除新叶外整株枯赤焦干，甚至连叶鞘茎秆上也有锈斑。发根少或不发新根，根系黄白色，当土壤中含有毒物质时，根系也会变黑。

98. 如何防治水稻缺锌引起的僵苗？

对有效锌缺乏的土壤可以施锌肥，如插秧前秒田时每亩施用0.5～1.0千克硫酸锌；插秧时用0.5千克硫酸锌加50千克泥浆水拌匀后蘸秧根，均能有效地防治缺锌僵苗症。注意磷肥不要施用过量防止诱发缺锌，在缺磷又缺锌的土壤上，施磷的同时应注意施锌。锌肥有后效，一般一年亩施1千克锌肥，能维持2～3年的肥效。

99. 水稻如何施用分蘖肥?

早施、重施分蘖肥是促进早生、早发,争取更多低节位有效分蘖的重要措施之一。分蘖期一般在插秧后 7~10 天进行,肥料种类和数量,必须根据土壤、底肥、气候和苗情进行调整。在地薄肥少,苗少苗弱的情况下,要重视分蘖肥,争取亩穗数;在地壮肥多,苗数较多的情况下,可酌情少施分蘖肥,而重施穗肥,争取穗大、粒多、粒重。分蘖肥一般以速效氮肥为主,每亩施用尿素 5~7 千克。施分蘖肥时要抢晴施、浅水施、边施边薅,使土肥相混,提高肥效。

100. 水稻如何施用穗肥?

各地巧施穗肥的经验是做到"三看":一看田的肥瘦,土地肥沃、底肥足、蘖肥重的可以不施。二看稻株长相,早晨叶片不挂露水,中午叶片挺直,叶片淡黄的要施。三看天气,阴雨天多可不施,晴天多的则要施。穗肥用量一般亩施尿素 10 千克,在全生育期氮多磷、钾少的地区,可酌量补施磷、钾肥。促花肥在倒四叶期使用,保花肥在倒二叶期使用,籼稻要重施保花肥,粳稻要重施促花肥。

101. 小麦的需肥量和需肥规律是什么?

河北省小麦一般在 10 月上中旬播种,生育期较长,从播种到成熟一般需要 240~260 天。小麦是一种需肥较多的作物,据分析,在一般栽培条件下,每生产 50 千克小麦,需从土壤中吸收氮素 1.5 千克左右、五氧化二磷 0.5~0.75 千克、氧化钾 1.5~2 千克,氮、磷、钾的比例约为 3:1:3。小麦对氮、磷、钾的吸收量,随着品种特性、栽培技术、土壤、气候等而有所变化。产量要求越高，吸收养分的总量也随之增多。小麦在不同生育期，对养分的吸收数量和比例是不同的。冬小麦对氮的吸收有两个高峰：一是在出苗阶段，吸收氮占总氮量的 40% 左右；二是在拔节到孕穗开花阶段，吸收氮占总氮量的 30%～40%，在开花以后仍有少量吸收。小麦对磷、钾的吸收，在分蘖期吸收量约占总吸收量的 30%，拔节以后吸收率急剧增长。磷的吸收以孕穗到成熟期吸收最多，约占总吸收量的 40%。钾的吸收以拔节到孕穗、开花期为最多，占总吸收量的 60% 左右，到开花时对钾的吸收已达最大量。因此，在小麦苗期，应有适量的氮素营养和一定的磷、钾肥，促使幼苗早分蘖、早发根，培育壮苗。拔节到开花是小麦一生吸收养分最多的时期，需要较多的氮、钾营养，以巩固分蘖成穗，促进壮秆、增粒。抽穗、扬花以后应保持足够的氮、磷营养，以防脱肥早衰，促进光合产物的转化和运输，促进麦粒灌浆饱满，增加粒重。

102. 小麦如何施用底肥？

施足小麦底肥是提高麦田土壤肥力的重要措施。底肥能保证小麦苗期生长对养分的需要，促进早生快发，使麦苗在冬前长出足够的健壮分蘖和强大的根系，并为春后生长打下基础。底肥对小麦中期稳长、成穗和防止后期早衰也有良好作用。底肥的数量，应根据产量要求，肥料种类、性质、土壤和气候条件而定。底肥应占施肥总量的 60%～70% 为宜。底肥应以有机肥料为主，适量配合施用氮、磷、钾等化学肥料。一般亩施农家肥 1 000～1 500 千克，尿素10 千克或碳酸氢铵 25 千克，高浓度复混肥 25～30 千克。

103. 麦田施用碳酸氢铵作底肥好，还是作追肥好？

碳酸氢铵是我国特有的氮肥品种，占全国氮肥产量的一半以上。碳酸氢铵由于性质不稳定，容易挥发损失，追施后如不及时灌水容易使氮素损失，因此各地推广将碳酸氢铵作底肥深施。如果碳

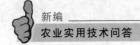

酸氢铵全部作底施，从施肥到小麦拔节、孕穗，至少要经历 4～5 个月，虽然冬春温度低加上深施，损失较少，但碳酸氢铵的肥效很难维持到小麦生育后期。因此一次底施往往满足不了小麦各生育期的需要。据试验，每亩用碳酸氢铵 40 千克，全部作底肥的亩产 442.8 千克，而用 15 千克作底肥，冬前追 10 千克，拔节时再追 15 千克，亩产 489.2 千克。底肥和分期追肥并用的每亩多增产 46.4 千克。

104. 小麦返青期如何看苗追肥？

追肥要看苗追施，对于冬前每亩总茎数达 100 万以上的旺苗，由于分蘖太多，叶色深绿，叶片肥大，返青肥应以磷、钾为主，不要再追氮肥。亩施过磷酸钙 15 千克、草木灰 50～100 千克或钾肥 10 千克左右，对壮秆防倒伏有好处。对于冬前每亩总茎数已达 70 万～100 万的壮苗，应以巩固冬前分蘖为主，适当控制春季分蘖，以减少无效分蘖。追肥可在 3 月底至 4 月初，每亩施碳酸氢铵 7.5～10 千克。保水保肥力强的稻茬麦，可适当早施；保水保肥力差的沙壤土或沙土，可适当晚施。麦田有点片弱苗时，可酌情施"偏心"肥。对于冬前分蘖不足的弱苗，应重施返青肥，每亩可施碳酸氢铵 15～20 千克，施用方法最好开沟深施，施后覆土。对于缺磷的麦田，可亩施 10～15 千克过磷酸钙。磷肥因不易移动不能撒施地表，必须开沟施在根系附近。

105. 小麦怎样巧施拔节、孕穗肥？

小麦从拔节到抽穗是一生中生长发育最旺盛的时期，吸收量大，需肥分多，满足这一时期的养分供应，对夺取小麦高产非常重要。拔节、孕穗肥应该看苗巧施。对小麦生长不良、苗弱偏小的群体，应早施拔节肥，提高分蘖成穗率，力争穗多、穗大。追肥量可占总施肥量的 10%～15%，每亩可用尿素 3～4 千克沟施或穴施。

对于生长健壮的麦苗，由于群体适宜，穗数一般有保证，主要应攻大穗，拔节期应适当控制水肥，防止倒伏，待叶色自然褪淡，第一节间定长，第二节间迅速伸长时，再水肥并进，以保花增粒。对于群体大，叶面积过大，叶色浓绿，叶宽大下垂的旺苗，有倒伏危险，主要应控制水肥，深中耕伤根，抑制后生分蘖，如有条件可以喷施矮壮素，矮化植株，壮秆防倒。到剑叶露尖时，如叶色褪淡，再补施孕穗肥。

106. 大豆有根瘤菌固氮还要施氮肥吗？

大豆需要较多的氮素，虽然其根部有根瘤菌，能固定空气中的氮气供豆株吸收利用，但仅靠根瘤固定的氮素，满足不了大豆整个生育期的需要。瘦地和底肥不足的田块，大豆出苗后，由于种子中的含氮物质已基本用完，而这时根瘤尚未形成，或者固氮能力还弱，因此苗期常会出现缺氮现象。播种时用少量氮肥作种肥，对幼苗有促进根、叶生长的作用。肥力高、底肥足的田块可不施氮肥作种肥。中等肥力田块，可将氮肥和其他肥料混合作底肥，以满足大豆苗期需氮，施肥量一般每亩碳酸氢铵10～15千克或者尿素4～5千克。大豆开花以后吸氮量达到高峰，到鼓粒期由于根瘤菌的固氮能力已经减退，也会出现缺氮现象。因此在一般肥力条件下，初花期追肥也有良好效果，尤其在瘦地更为明显。施肥量一般亩施碳酸氢铵10千克或尿素4千克。此外，也可在大豆结荚鼓粒期，对缺氮田块用1%～2%尿素溶液进行叶面喷施，效果也很好。

107. 为什么磷肥对大豆增产效果特别显著？

磷对大豆根系生长的促进作用，有利于根瘤的形成。当土壤中磷的供应不足时，大豆根瘤虽然能侵入根中，但是不结瘤。钼肥是根瘤固氮必不可少的微量元素，土壤缺磷的情况下，单施钼肥反而

141

使根瘤减少。磷对根瘤中氨基酸的合成以及根瘤中可溶性氮向植株其他部分转移，都有重要作用。所以种植大豆或其他豆科作物，施用磷肥增产效果特别显著。磷肥在土壤中移动性小，容易被吸附固定，因此磷肥应该与有机肥混合堆沤后，采用沟施、穴施等集中施用方法为好。每亩施用过磷酸钙 15～25 千克，缺磷严重的土壤，用量可适当增加。大豆播种时可用少量过磷酸钙拌种，以满足苗期生长和根瘤菌繁殖对磷的需要。大豆可用磷酸二氢钾进行叶面施肥，浓度为 0.1％～0.2％，在初花期和终花期各喷一次，每次用 100 克左右，也有一定增产效果。

108. 怎样用好大豆钼肥？

钼能促进大豆根瘤的形成与生长，使根瘤数增多，根瘤体积增大，固氮能力提高，钼还能促进大豆根系生长，增加对养分的吸收能力，增强抗旱能力。因此，钼对大豆生长发育、增荚增粒和提高粒重都有明显促进作用。钼酸铵是目前常用的钼肥，一般作种肥施用，也可以作叶面喷肥。作种肥每千克豆种用钼酸铵 2 克，先将它溶解于 5 倍热水中充分搅拌，冷却后拌种。叶面喷肥用 0.05％～0.1％钼酸铵溶液，在初花期喷洒，一般每亩喷 30～50 千克。钼在土壤中不易淋溶流失，施钼过量或经常施钼的土壤，钼素容易在土壤中逐渐积累，积累过多会使大豆植株发生钼中毒现象。因此施钼不能过量，也不要在同一田里连年施用。

109. 玉米的需肥规律是什么？

每生产 100 千克玉米籽粒，需要吸收氮 2～4 千克、五氧化二磷 0.7～1.5 千克、氧化钾 1.5～4 千克。玉米吸收养分的数量和比例不同的原因，主要是由于品种特性、土壤条件、产量水平以及栽培方式不同。玉米不同生育阶段，对养分的吸收数量和比例变化很大。玉米苗期植株小，生长慢，对养分吸收的数量少、速度慢。拔节、孕穗到抽穗开花期，是玉米营养生长和生殖生长同时并进的阶段，生长速度快，吸收养分的数量也多，是吸肥的关键时期。开花授粉以后，吸收数量虽多，但吸收速度逐渐减慢。春玉米和夏玉米吸肥情况不同，春玉米苗期吸氮占总吸收量的 2.1%，中期（拔节至抽穗开发）占 51.2%，后期占 46.7%。而夏玉米苗期吸氮占 9.7%，中期占 78.4%，后期占 11.9%。

110. 玉米如何施用基肥？

玉米基肥应以有机肥料为主，基肥用量一般占总施肥量的 60%～70%。基肥充足时可以撒施后耕翻入土，如肥料不足，可全部沟施或穴施。集中施肥有利于作物吸收，减少流失，肥料利用率高。磷、钾肥作基肥效果较好，过磷酸钙作基肥，每亩用量 15～25 千克，宜与有机肥料混合或堆腐后施用。施用硫酸钾作基肥，每亩用量 7.5～10 千克，可与有机肥料混合施用。由于夏播作物抢时间早播种是增产的关键，所以夏玉米往往来不及施基肥。一般在前茬作物（如小麦）播种时多施基肥，用其后效供给夏玉米所需的养分。在不影响早播前提下，以腐熟、优质的农家肥，用沟施、穴施的办法给夏玉米施基肥，对增产有利。

111. 玉米如何追施苗肥与拔节肥？

苗肥应早施、轻施和偏施，以氮素化肥为主。在基肥中未搭配速效肥料或未施种肥的田块，早施、轻施可弥补速效养分不足，有促根壮苗的作用。拔节肥应稳施，以有机肥为主，并适量掺和少量速效氮、磷肥。对基肥不足，苗势较弱的玉米，应增加化肥用量，一般每亩可追施 10～15 千克碳酸氢铵或 3～5 千克尿素。拔节肥通常在玉米拔节前后，长出 7～9 片叶时开穴追施，地肥苗壮的应适当迟追、少追，地瘦苗弱的应早施重施。

112. 怎样给玉米追施穗肥与粒肥？

穗肥一般在抽雄前 10～15 天，玉米出现大喇叭口时施用。对基肥不足、苗势差的田块，穗肥应提早施用。穗肥用量应根据苗情、地力和拔节肥施用情况而定，一般每亩穴施碳酸氢铵 15～20 千克，或者尿素 5～8 千克。粒肥一般在果穗吐丝时施用为好，这样能使肥效在灌浆乳熟期发挥作用。粒肥用量不宜过多，每亩穴施碳酸氢铵 3～5 千克即可，也可用 1％～2％尿素和磷酸二氢钾混合液作叶面喷施，每亩喷液量 50 千克左右。

113. 棉花的需肥规律是什么？

棉花是生育期长、需肥较多的作物。据分析测定，每亩产 100 千克皮棉需吸收氮 12 千克、五氧化二磷 4 千克、氧化钾 12 千克，氮、磷、钾比例约为 1：0.3：1。吸肥量为禾谷类作物的 5～6 倍，油料作物的 2～3 倍，各生育期吸肥百分率分别为：苗期吸氮占 5％，磷占 3％，钾占 2％；现蕾到始花期吸收氮占 11％，磷占 7％，钾占 9％；始花到盛花期吸收氮占 56％，磷占 24％，钾占 36％；盛花到吐絮期吸收氮占 23％，磷占 52％，钾占 42％；吐絮到拔节吸收氮占 5％，磷占 14％，钾占 11％；由此看出，棉花在花铃期吸收氮、磷、钾总量的 80％，吸收氮的高峰期在花期，吸收磷、钾的高峰期均在铃期。

114. 棉花如何施用底肥？

棉花生育期长，营养生长和生殖生长重叠时间长，地力消耗大，需要养分多，因此棉花底肥要施足。在中等肥力水平的土壤上，底肥每亩施堆厩肥 1 500 千克、原粪 1 000 千克、尿素 3 千克、过磷酸钙 20 千克、油饼 10～15 千克。棉花为深根作物，底肥要深施，最好翻入土中 20 厘米左右，使肥料分布在根群附近，肥料分解后，及时被棉根吸收。如肥料用量少或用优质肥料时，可集中条施或穴施。速效磷肥作底肥应和有机肥料混合后深施，以减少土壤对磷的固定，提高磷肥利用率。

115. 棉花苗期怎样施肥？

棉花出苗后 10～20 天，出现第 1～2 片真叶时期，是棉花营养的临界期。这时及早施用苗肥，对实现壮苗及早发效果显著。棉花苗期追肥应掌握"早施、轻施、偏施"的原则。早施是因为前期温度低，棉苗吸肥力弱，早施苗肥能促使棉苗健壮生长，这次施肥不能拖到现蕾以后再施。轻施是指苗肥用量宜少，使棉苗壮而不衰，旺而不猛。一般每亩施清粪水 1 500 千克，加尿素 1.5～2.5 千克，穴施。地膜覆盖的棉田底肥足，不施苗肥。偏施是对部分弱苗和补栽的棉苗施用提弱苗、赶壮苗肥 1～2 次，促进全田棉苗又齐又壮。

116. 棉花花蕾期怎样施肥？

棉花蕾期营养生长和生殖生长并进，吸收养分的数量和速度增加。这时既要根分布广，茎叶生长健壮，果枝多，果节多；又要蕾多、蕾大，脱落少，开花早，既不徒长，又不瘦弱。为达此目的，施肥上必须稳施蕾肥，主要是控制氮肥的施用，若氮肥过多，易徒长，花蕾脱落率高，影响产量。因此，对棉苗长势旺，土壤肥力高，底肥足和已施苗肥的棉田，以及地膜覆盖的棉田，都不宜施蕾肥。对土瘦、苗弱、底肥不足、苗肥少的棉田，以及前作小麦等耗肥多的棉田，可在现苗前酌情施用蕾肥。在盛蕾末期，要重施有机肥，每亩施用厩肥 1 500 千克左右、饼肥 25～30 千克，做到蕾肥花用。前期未施磷、钾肥的棉田，应补施磷肥和草木灰或化学钾肥，对增蕾保铃作用大。

117. 棉花花铃期应该怎样施肥？

棉花花铃期是吸肥的高峰期，一般花铃肥占总施肥量的60%左右，根据棉花的长势和土壤情况，有3种追肥方法：一是稳施初花肥。初花肥的施用量通常每亩用人畜粪水500～1 250千克、磷肥10千克，如能增施油饼10～15千克，效果更好。应少用速效肥，以免肥效发挥过快，造成棉花徒长。二是重施盛花肥。肥沃棉田和有徒长势的棉田，可适当推迟施肥，或少施甚至不施。此次追肥的施用量，一般每亩施尿素5千克、磷肥7.5千克，或再增加油饼7.5千克，混合后开沟施用。三是补施秋桃肥。及时补施秋桃肥，可以防止早衰，争取多结秋桃。施用秋桃肥要看棉花长势，灵活掌握用量和时间。如土壤缺肥，棉株有早衰现象，伏前桃和伏桃多，要重施和早施，一般每亩用尿素2.5～3.5千克兑水或掺和清粪水穴施，然后盖土。

118. 棉花缺硼有什么症状？怎样施用硼肥？

由于土壤缺乏有效硼，棉花在蕾期会出现缺硼症状。典型症状是：下部叶片深绿，增厚变脆；上部叶片变小，卷缩，边缘变绿；叶柄有浸润状暗绿色环带状突起，似节节状。缺硼严重时，叶片萎缩，蕾而不花。有的棉田虽然没有出现蕾而不花现象，但施用硼肥仍有显著增产效果，说明这种土壤潜在性缺硼。

硼肥施用方法：

(1) 基施 一般每亩施用硼酸200克左右。为了施用均匀，可用磷肥或农家肥混施。

(2) 拌种 用浓度为0.1%硼酸溶液拌种。

(3) 浸种 用浓度为0.02%硼酸溶液，浸种4～5小时。

(4) 根外喷施 用浓度为0.1%硼酸溶液，棉苗小时，每亩15～25千克硼酸溶液，随着棉苗长大，逐渐增加到50千克左右。

119. 不同种类蔬菜对营养元素有哪些要求？

蔬菜的种类不同，对营养元素的要求也不同，了解这些差异，对于提高施肥的针对性和经济效益是有好处的。

(1) 叶菜类蔬菜 小型叶菜，整个生长期需要氮素最多；而大型叶菜除需要较多氮素外，生长盛期还需增施钾肥和适量磷肥。如果氮素不足，则植株矮小，叶片粗硬。结球菜类结球后期磷、钾不足时，不易结球。

(2) 根茎菜类 幼苗期需氮量多，需磷、钾少；到根茎肥大时，则需钾量多，需氮较少。如果后期氮素过多，而钾供应不足，则植株地上部容易徒长；前期氮肥不足，则生长缓慢。

(3) 果菜类蔬菜 幼苗期需氮较多，需磷、钾少；进入生殖生长期磷的需要量激增，而氮的吸收量则下降。如果后期氮过多，而磷不足，则茎叶徒长，影响结果；前期氮不足则植株矮小；磷、钾不足则开花晚，产量和品质降低。

(4) 各种蔬菜对养分的利用能力不同 甘蓝最能利用氮。甜菜最能利用磷。番茄利用磷的能力最弱，但对大量的磷酸盐类，却无不良反应。茄子对于磷酸盐的反应较好。黄瓜既需吸收大量氮，又需吸收大量钾和磷。

参考文献

李月华，邢东海.2012.农业实用技术［M］.北京：中国农业科学技术出版社.

曹雯梅，张中海.2011.现代小麦生产实用技术［M］.北京：中国农业科学技术出版社.

马丽.2011.现代水稻生产实用技术［M］.北京：中国农业科学技术出版社.

吴国兴，李树志.1996.日光温室辣椒栽培新技术［M］.北京：中国农业出版社.

廖伯寿.2006.花生优质高产新技术［M］.北京：中国农业科学技术出版社.

石德权.2006.玉米高产新技术［M］.北京：金盾出版社.

农业部种植业管理司，全国农业技术推广服务中心.2005.测土配方施肥技术问答［M］.北京：中国农业出版社.

郭书普.2009.新版蔬菜病虫害防治彩色图鉴［M］.北京：中国农业大学出版社.

吴震，翁忙玲，蒋芳玲.2009.蔬菜育苗实用技术百问百答［M］.北京：中国农业出版社.

石杰，王振营.2010.玉米病虫害防治彩色图谱［M］.北京：中国农业出版社.